과학은 금이다

Science Is Golden

과학은 금이다

문제해결 접근법으로 아이들과 함께 과학하기

앤 핀켈스타인 지음   송철복 옮김
허 정 감수

엔 핀켈스타인은 토론토 대학, 미국 농림부를 거쳐 현재 미시간 주립 대학에서 바이오메디컬 분야 연구원으로 일하고 있다. 또한 교육분야와 일반인을 위한 과학분야에서 프리랜스 작가로도 활동하고 있다. 초등학교에 다니는 두 아들에게 직접 과학을 가르치는 헌신적인 어머니이기도 하다.

감수 | 허 정
1981년 서울대학교 전자공학과 졸업
1983년 서울대학교 대학원 전자공학과 졸업(공학석사)
1991년 서울대학교 대학원 전자공학과 졸업(공학박사)
1994~1995년 미국 Syracuse University, Visiting Scholar
1991~현재 건국대학교 전자공학부 교수

과학은 금이다 Science Is Golden

지은이 | 앤 핀켈스타인
옮긴이 | 송철복
감수한이 | 허 정
펴낸이 | 장말희
펴낸곳 | 도서출판 장락
편집 · 표지디자인 | 임은경
책임 영업 | 홍정현
초판 인쇄 | 2006년 11월 26일 **초판 발행 |** 2006년 11월 30일

출판등록일 | 1991년 7월 25일 제21-251호
주소 | 463-020 경기도 성남시 분당구 수내동 11-1 청구블루빌 915호
전화 | 031-716-7306 팩스 031-716-7319

값 14,000원

ISBN 89-91989-02-0 03400
ⓒ도서출판 장락 2006 Printed in Korea

샘과 제레미에게

차례

감사의 말

이 책을 써 보라고 처음 권한 사람은 남편 자차리 버튼이었다. 그의 격려와 편집작업 그리고 유용한 제안들이 있었기에 이 책이 완성될 수 있었다. 두 아들 새무얼과 제레미의 호기심이 내게 끊임없이 영감을 제공했다. 과학에 관한 질문을 숱하게 해주고 실험과정에서 나를 도와준 두 아들에게 감사한다. 이 책의 저술을 열정적으로 지원해 주신 어머니 베르나 핀켈스타인에게 감사 드린다.

이 책에 나오는 과학적 질문은 대부분 미시간주 하슬렛에 자리잡은 윌크셔 유치원과 베라 레일라 초등학교에서 수집한 것이다. 두 곳의 교장을 맡고 계 신 쉐런 존즈와 패티 루츠케는 내가 학생들에게서 질문 수집하는 것을 흔쾌히 수락해 주셨다. 학생들에게 메모지를 나눠 주고 이어 질문을 담은 메모지를 수거해 준 선생님들의 노고에 감사드린다. 질문을 해준(그리고 그 질문들을 종이에 적어 준) 어린이들에게 가장 크게 신세를 졌다. 그 아이들의 멋진 호기 심이 어른이 되어서도 지속되기를 바란다.

4학년 과학과제 수행을 내가 돕도록 허용해 주고 그에 따른 실험결과를 이 책에 쓰도록 해준 엘리자베스 턴즈에게 감사한다. 또한 격려와 충고를 아끼지 않은 턴즈 가족에게도 감사드린다.

캐롤 아모르는 고맙게도 그녀가 운영하는 윌크셔 유치원 1학년 교실에서 내 가 실험을 수행하도록 허락해 주었다. 내 이론을 그녀 교실에서 시험할 수 있 게 해준 그녀의 관대함에 감사드린다. 그녀의 학생들이 제안한, 사과조각을 공기와 접촉하지 않게 하는 여러 가지 창의적 방법은 이 책의 3장과 7장에 다 루어져 있다.

이 책의 초고를 꼼꼼하게 읽어 준 필리스 드지오이아와 주디스 캐취에게 감 사드린다. 그들이 사려 깊은 제안을 해준 덕분에 이 책이 좀 더 읽기 쉽게 되 었다.

이 책 2장에 소개된 HIV-1 전자현미경 사진은 고맙게도 툴레인 대학교 의과대학 미생물학 및 면역학과 교수인 로버트 F. 게리 박사가 기증해 준 것이다.

이 책의 초고를 읽고 그것을 국립과학아카데미 원장인 브루스 앨버츠 박사에게 보내 준 미시간주립대학 미생물학과의 저명한 교수인 미셸 플러 박사에게 감사드린다. 이 책을 읽고 격려와 제안을 해준 브루스 앨버츠 박사에게도 감사드린다. 앨버츠 박사의 친절한 지적을 내 연구의 소중한 자산으로 삼고 싶다.

레이 레이, 스테판 레이머스, 델린 렌, 케빈 카, 케일래스 패드먼애브한은 컴퓨터 작업을 도와 주었다. 레이 레이, 용 웡, 그리고 그들의 많은 인터넷 친구들은 1장 첫머리의 속담들을 중국어로 다시 번역해 주었다. 사라 캐취는 참고 문헌표를 다는 작업을 도와 주었다. 토니 실즈는 텔레비전의 원격조정이 어떻게 작동되는지 설명하고, 몇 가지 실험을 제안했다. 스티븐 존슨은 사과주스가 만들어지는 과정을 내게 일러 주었다.

칭찬과 격려를 해준, 이름을 알 수 없는 두 교열자에게 감사드린다.

끝으로, 이 책을 인정해 준 미시간주립대학 출판부의 마사 A. 베이츠에게 감사드린다.

서문

이 책을 쓰게 된 계기는 우리 아이들의 호기심이었다. 아이들이 과학적 관심을 펼치는 것을 도와 주다 보니 참으로 많은 아이들이 과학자와 같다는 생각이 강하게 들었다. 아이들은 지칠 줄 모르는 호기심을 갖고 있는 것 같으며, 익숙하지 않은 개념과 물체를 탐구하기 좋아하고, 자신들이 관찰하는 것을 분석한다. 이웃에 사는 리지의 4학년 과학과제를 도와 줄 기회가 있었던 것이 이 책을 집필하는 동기가 되었다. 나는 그 아이의 지식기반과 조직 능력에 감명 받았다. 그래서 나는, 스스로 실험을 기획하고 수행하고 분석하도록 이끌어 줄 책을 그 아이에게 찾아 주고 싶었다. 하지만 미리 설계된 실험에 관한 정보만 다루고 있는 것을 보고 실망했다. 아이들은 자신의 과학적 의문을 탐구하는 데 필요한 대부분의 기술을 갖추고 있지만, 이런 기술을 발전시키는 데에는 약간의 도움이 필요하다는 생각이 들었다. 실험을 창조하는 방법에 대한 정보가 분명 더 있어야만 했다. 나는 이 책이 그런 종류의 정보가 되기를 원했다. 눈으로 덮인 언덕에서 여러 썰매의 상대적 속도를 비교하는 리지의 실험은 자주 사례로 사용된다.

리지의 실험이 기획단계에 머물러 있던 어느 날 밤, 그 아이의 어머니가 내게 전화를 걸어 실험 계획에 대해 몇 가지 물었다. 리지의 여동생 마리는 "엄마, 마법 스쿨버스(어린이들의 의문에 답하는 미국 텔레비전 프로그램–역주)에다 물어 보는 거야?"라고 물었다. 아이 엄마가 대답했다. "아니, 두 번째로 잘 아는 분에게 물어 보는 거야." 나는 머리를 붉게 염색한 적도 없으며, 대단히 튀는 옷을 입지도 않지만, 영광스럽게도 프리즐 여사(마법 스쿨버스 프로그램의 주인공인 여자 과학교사–역주)에 비유되었다. 나는 이 책이 '두 번째로 잘 아는 분'이 되어, 아이들이 실험을 기획하고 수행하고 분석하는 데 도움을 주는 친절한 과학 데이터로 활용되기를 바란다.

이 책에서 나는, 자신의 과학적 의문을 탐구하는 아이들을 돕고자 하는 어른들을 위한 길잡이를 제시했다. 그 과정은 아이들의 호기심에서 출발한다. 자신의 생각을 분석하고 문제해결 기법을 동원함으로써 아이들은 도움을 얻어 그들 자신의 과학 실험을 스스로 고안해 낼 수 있다. 이러한 '스스로' 방식이 학생, 교사, 부모들이 과학에 대해 갖는 불안감을 줄여 줄 수 있을지도 모르겠다.

1

과학에 대한 두뇌가동 접근법
The Brains-O

Approach to Science

聞而忘 들은 것은 잊고
視而記 본 것은 기억하며
行而知 행한 것은 이해한다.

— 중국속담

과학은 과학벌레들만의 것이 아니다

사람들은 흔히 과학을 따분한 과목이라고 생각한다. 나는 도무지 그 이유를 모르겠다. 과학은 삶과 죽음, 바다와 지구, 동물과 식물을 연구하는 것이다. 과학은 물질의 가장 작은 입자와 우주의 넓이를 탐구한다. 과학은 마이클 조던이 어떻게 그렇게 높이 점프할 수 있는지, 야구에서 변화구를 치기가 얼마나 어려운지를 설명한다. 과학적 연구로 개발된 기술 덕분에 우주인들은 외계에서 생존할 수 있게 되었다. 아이들이 왜 부모와 닮을 수도 있고 닮지 않을 수도 있는지에 대한 해답을 과학은 제시한다. 과학 연구는 끔찍한 질병을 치료하고 예방책을 낳았다. 우리가 지구를 앞으로 오랫동안 안전하고 아름다운 곳으로 지켜 나갈 방법을 모색하는 데 과학은 도움을 줄 수 있다. 이런 과학이 왜 따분하다는 말인가?

과학은 지극히 창의적인 과목이다. 그럼에도 과학의 창의적 측면들이 자주 간과된다. 많은 사람들이 '창의적'이라는 낱말을 과학보다는 미술, 음악, 무용, 시, 소설을 가리킬 때 쓴다. 풍경화를 그릴 때나 혜성의 진로를 표시할 때, 어떤 문제의 해법을 찾을 때 창의적인 사고가 필요하다. 창의적인 문제 해결에는 두 단계가 요구된다. 우선, 문제의 해법을 반드시 상상해 내야 한다. 화가는 풍경을 머릿속에 떠올려야만 하고, 천문학자는 혜성의 타원 궤도를 가정해야만 한다. 그다음 창의적 과정은 문제를 푸는 독특한 방식을 상상하는 것이다. 화가라면 풍경을 묘사하는 색다른 방식을 찾아낼 것이고, 천문학자라면 혜성이 우주 공간에서 어떻게 이동할지 예측하기 위해 혜성의 이전 위치들을 사용할 것이다. 과학적 사고는 형식을 제대로 갖춘 문제해결 기법problem-solving techniques에 의해 정리가 된다. 캔버스에 물감을 칠하는 방법이 화가의 창의성을 제한하지 않는 것처럼, 논리적 사고가 과학의 창의적인 측면들을 제한하지는 않는다. 창의적인 생각이 없었다면 과학의 진보는 거의 없었을 것이다.

　　과학은 수많은 놀라운 발견을 쏟아 내고 있으며, 언론은 최근의 몇 가지 획기적 업적을 떠들썩하게 다루었다. 유명한 양羊 돌리는 유방세포를 DNA가 없는 무정란無精卵에 결합하는 방식에 의해 '복제'되었다. 돌리의 출현은 대중적 항의를 불러일으켰으며, 이러한 새 기술의 윤리적 측면에 대한 논의에 불

을 지폈다. 동물의 경우에는 몇 가지 종種이 성공적으로 복제되었다. 반면 인간 복제는 여전히 기술적으로 어려울 뿐만 아니라 비현실적이며, 전통적인 방법들보다 효율이 떨어진다. 대중소설에 보면 사악한 목적을 가진 못된 과학자들이 나쁜 계획을 세우는 내용이 자주 나온다. 여기서 한 가지 분명하게 짚고 넘어가자. 과학적 연구는 대단히 꼼꼼하게 규제된다. 화학물질, 방사성 동위원소, 동물, 유전자를 재조합하는 DNA 기술, 인간 조직의 사용은 면밀하게 감시된다. 이러한 규정을 지키지 않는 연구시설들은 계속 가동되도록 허락되지 않는다. 우리는 우리가 이해하지 못하는 것을 두려워하는 경향이 있다. 하지만 과학은 이해가 불가능한 것이 아니며, 따라서 우리는 그것을 두려워하지 않아도 된다. 실험을 어떻게 기획하고 데이터를 어떻게 분석하는지를 아이들에게 보여 준다면 아이들이 미래의 과학 발전을 이해하고 검토할 준비를 갖추는 데 도움이 될 것이다. 과학에 대해 긍정적인 태도를 갖춘다면 아이들은 기술진보를 논리적으로 살펴볼 수 있게 될 것이다.

　　과학은 분명 어려운 과목이다. 전문적인 과학자들은 여태까지 세상에 알려진 것들 가운데 가장 관심을 끌고, 도전적이며, 중요한 문제들을 탐구한다. 하지만 과학은 또 여러 수준에서 할 수 있는 학문이다. 아이들은 과학의 복잡한 내용 때문에 지레 겁먹을 필요 없이 자기들 수준에서 분석적 사고의 아름다움, 자연의 완벽성, 탐구의 짜릿함을 이해하는 법을 배울 수 있다. 아이

들에게는 마음만 먹으면 히그스 입자Higg's boson 같은 것에 대해 공부할 시간이 얼마든지 있다. 이제 과학이란 즐겁고 이해 가능하며 쓸모 있고 재미있는 것이라는 사실을 널리 알릴 때가 되었다. 실험을 하기 위해 반드시 로켓 과학자가 될 필요는 없다. 열린 마음과 문제 해결 의지만 있으면 된다. 내가 이 책을 쓰면서 사용한 참고데이터의 거의 전부는 공공 도서관 어린이 책 코너에 가면 쉽게 찾을 수 있다. 물론 어느 정도의 자료 조사는 필요하지만, "연鳶은 어떻게 날까?"라는 의문을 풀 실험을 기획하느라고 대학원생들이나 보는 물리학 전문서적을 들출 필요는 없다.

연날리기에는 여러 가지 과학적 개념이 관련되어 있지만, 주된 원리는 간단하다. 바람이 연을 밀어 올린다는 것이다. 연의 경사진 표면에 부딪히는 바람의 압력이 양력揚力을 발생시킨다. 우리는 뉴턴의 운동법칙 가운데, 모든 힘의 작용에 대하여 크기가 같으면서 방향이 반대인 반작용이 존재한다는, 제3법칙을 늘 경험해 왔다. 이 경우, 연의 평평한 표면에 부딪히며 아래로 비껴 흘러가는 바람의 작용은, 연이 위로 밀고 올라가는 반작용을 만든다. 바람에 대한 연의 각도가 중요한데, 각도를 적절하게 유지시켜 주는 역할은 연줄이 한다. 연의 형태, 크기, 무게, 재료, 조종 능력을 조사할 수 있는 실험으로는 어떤 것들이 있겠는지 한번 생각해 보라.

　　과학은 논리적 주장과 단순한 전략에 기초한다. 자연의 법칙은 가장 작은 물질인 소립자에서부터 행성들의 움직임에 이르기까지 모든 것을 지배한다. 과학적 법칙이라는 것이 그다지 많은 편은 아니다. 그리고 그 법칙들의 대부분은 단순하고도 직관적인 방식으로 이해될 수 있다. 생물학의 많은 부분을 아는 열쇠는 적자생존, 그리고 살고 먹고 생식할 수 있는 생태적 지위를 개발해야 할 동물들의 필요성이다. 아마 이보다 더 많은 자연 법칙들이 현실세계를 지배하고 있을 것이다. 하지만 사용자에게 친숙한 방식으로 제시될 수 있는 재미있는 시스템도 많다. 내가 5학년 학생에게서 수집한 질문 두 가지는 이 개념을 잘 보여 준다. "아기 동물들은 왜 그렇게 귀엽나요?", "악기는 어떻게 소리를 내나요?"

　　먼저, 다윈의 이론은 아기 동물들에게 어떻게 적용되는가? 귀여움은 생존과 관련해서 이로움을 준다. 부드러운 털가죽이나 폭신폭신한 깃털은 작은 동물들이나 새들의 몸을 따뜻하게 유지시켜 준다. 새끼 사슴의 몸에 새겨진 점들은 그 아기 동물이 포식자들로부터 몸을 숨길 때 위장 수단이 되어 준다. 새

끼 얼룩말의 긴 다리는 태어나자마자 무리와 함께 달릴 수 있도록 해준다. 어린 동물들은 노는 가운데 달리기나 사냥같이 중요한 생존 기술을 발전시키고 있다. 물론, 생물학적 체계의 세부내용은 본격적으로 연구되어야겠지만, 생존의 필요성이라는 핵심 개념이 다른 많은 세부내용을 이해하는 중요한 단서가 된다.

이와 비슷한 맥락에서, 아이들은 악기가 어떻게 해서 소리를 내는지 알아볼 실험을 구상할 수 있다. 진동과 음파라는 개념을 검토하는 것이다. 소리를 들을 때 우리는 진동을 감지한다. 이 진동은 음파로서, 공기를 뚫고 움직이며 그 음파는 우리의 귀에 탐지된다. 느린 진동은 낮은 음을 내고, 빠른 진동은 높은 음을 낸다. 이것은 실험을 구상하는 데 풍부한 기반을 제공한다. 소음을 내는 진동이 만들어지는 경우는 잡아당긴 고무줄을 탁하고 놓을 때, 제각기 다른 분량의 물을 채운 병들을 두드릴 때, 물 묻은 손가락으로 유리잔의 테두리를 문지를 때, 종을 칠 때 등이다.

통제된 실험controlled experiments을 이용하면 과학은 더 단순화될 수 있다. 어떤 실험이 적절하게 기획되면 그 실험은 반드시 분석하기 쉬운 데이터를 내놓는다. 통제된 실험의 결과는 정확한 답을 가리키게 마련이다. 예를 들어보자. 1학년 축구팀에서 뛰는 아이는 뒤집어 입을 수 있는 푸른색과 황금색의 유니폼을 입는다. 각각의 팀에는 각각의 경기에 특정한 유니폼 색깔이 배정된다. 상대편 선수는 자기편 선수와 다른 유니폼 색깔로 구분된다. 축구팀들은 일주일마다 유니폼 색깔을 바꾼다. 처음 세 경기가 끝난 뒤 한 소년이 이렇게 묻는다. "어째서 푸른색 팀이 매번 이기는 거죠?" 어른들이라면 이런 경기결과가 단지 우연에 지나지 않다는 것을 안다. 하지만 과학적 실험에서는 그릇된 결론을 초래할 수 있는 요소를 제거하는 것이 중요하다. 그릇된 방향으로 현혹되는 것을 방지하는 최선의 방법은 통제된 실험controlled experiments을 하는 것이다. 그렇다면 '푸른색 팀 이론'은 어떻게 시험될 수 있을까? 가장 단순한 실험으로 단 두 팀만 포함시키자. 그 두 팀이 여섯 번이나 여덟 번 경기를 갖는 것이다. (경기를 많이 가질수록, 그날그날

달라지는 경기 수준의 기복을 '평균해 주는' 효과가 있다.) 실험의 진행과 더불어 모든 선수들의 기량은 나날이 향상되는 한편, 각 팀은 반드시 번갈아 가면서 그 선망하는 푸른색 유니폼을 입게 된다. 내가 추측컨대 그 실험이 끝날 때쯤이면 경기에서 승리하는 것과 유니폼 색깔 사이에는 어떤 상관관계도 존재하지 않게 될 것이다. 만약 선수들 모두가 푸른색 유니폼이 행운을 가져다 준다고 믿었다면, 추가된 자신감이 경기의 결과에 영향을 미치리라는 것은 가능하다. '푸른색 팀 이론'을 실험하고 있다는 사실을 알지 못하는 선수들만으로 하는 실험은 최상의 실험이 될 것이다. (증거삼아 덧붙이자면 황금색 팀이 네 번째와 다섯 번째 경기에서 승리했다.) 실험이 통제에 의해 구획되면 데이터로부터 정확한 결론을 끌어내기가 더 쉽다. (통제된 실험을 구상하는 문제는 4장에서 좀 더 완전하게 다루고 있다.)

아이들은 다양한 방식으로 과학의 세계에 초대될 수 있다. 이 책에서 나는 아이들이 과학에 대해 쏟아내는 질문들로 시작하는 방식을 제안한다. 다음 단계로 학생들은 그들의 질문에 답을 해줄 실험을 구상하고, 그들이 얻은 데이터들을 분석하고 설명하는 법을 배운다. 나는 이런 기법을 선호한다. 왜냐하면 이러한 '두뇌가동 방식brain-on method'이야말로 과학적 방법의 완벽한 표현일 뿐만 아니라, 이렇게 함으로써 학생들은 그들 자신이 창안한 실험에 책임과 흥미를 느낄 것이기 때문이다. 두뇌가동 방식은 과학 교육의 한 접근 방법에 불과하지만, 이 책에 묘사된 기법들은 다른 접근 방법들을 개선하고 구체화하는 데에 적용될 수 있다. 모든 학생들이 질문을 하는 분위기를 조성해 주어야 한다. 실험 대조군이라는 것이 과학 실험에 추가될 수 있다. 그래프를 그리고, 실험노트를 작성하며, 포스터를 그려 보라는 제안은 어떤 실험에도 적용될 수 있다. 무엇보다 중요한 것은, 실험을 할 때 아이들 스스로가 역할을 가져야 한다는 것이다. 아이들은 원래 호기심이 많은데, 과학은 아이들이 그들의 주변세계에 관해 배울 수 있는 하나의 방법이다. 미국 국립과학아카데미 원장 브루스 앨버츠 박사Dr. Bruce Alberts는 이렇게 말한다. "과학 학습은 학생들이 수행하는 것이지, 학생들에게 수행되는 것이 아니다."

두뇌가동 접근법은 학생들이 스스로 실험을 창안하도록 돕는다

아이들에게 있어 두뇌가동 방식brain-on method은 손으로 하는 과학 활동hands-on science activities을 한 단계 뛰어넘는다. 학생들은 단지 실험만 하는 것이 아니라 먼저 아이디어를 구상하고, 그 아이디어를 다듬으며, 실험을 기획하고, 통제된 실험을 수행하며, 실험결과를 분석하고 설명한다. 이것은 생각보다 쉽다. 훈련받은 전문가가 필요 없다. 집이나 학교에서 해볼 수 있다. 다음은 과학에 대한 두뇌가동 접근법을 간략히 살펴본 것이다.

❶ 아이들이 제기하는 과학 관련 질문들을 가지고 시작하라

우리를 둘러싼 세계와 우리 내부의 세계는 참으로 신기하다. 아이들은 자연스럽게 자신과 자신을 둘러싼 환경에 호기심을 품는다. 나는 초등학생들로부터 질문을 수집함으로써 그 호기심에 다가가려고 노력했다. 과학자로서 나는 그들 질문의 수준을 보고 기뻤으며, 일부 질문에 대한 답은 내가 알고 있어서 즐거웠다. 질문의 주제와 범위, 그리고 난이도는 다양하게 나타났다. 어떤 질문은 쉽게 답할 수 있었다. "1 파운드는 몇 그램인가요?"(1 파운드는 약 454그램이다.) 어떤 질문은 답을 찾아 낼 경우 언젠가 노벨상을 탈 수도 있겠다는 생각이 들게 했다. "약은 어떻게 자기가 갈 곳을 아나요?"(항암제가 직접 암세포를 겨냥하는 '마법 총탄' 치료법을 개발하는 데 수많은 일류 과학자와 엄청난 돈이 투입되고 있다.) 학생들의 질문을 가지고 시작함으로써, 그들의 관심사로부터 출발하는 것이고, 그것을 어떻게 다루어 나가는지 보여 준다.

❷ 질문을 실험으로 전환하는 법을 학생들에게 보여 주라

2장은 질문에 관한 것이다. 질문이 실험의 핵심이 되도록 하기 위해서는 그것이 어떻게 명료해지고 구체화되는지를 몇 가지 사례를 통해 보여 준다. 물론 모든 질문이 전부 실험으로 연결되지는 않는다. 하지만 많은 질문이 수집되면 그 가운데는 실험에 적합한 질문이 있게 마련이다. 명료하고 잘 구상된 질문을 실험으로 전환하는 방법을 3장에서 다루고 있다. 어른이 약간만 이끌어 준다면 아이들은 작동할 수 있는 실험체계의 모형을 공동 작업을 통해 구축할 수도 있다. 아이들은 자신의 질문에 대해 그럴듯한 답을 제안한다. 그리고 그들의 아이디어 가운데 어느 것이 옳은지 시험해 볼 방법들도 생각해 낸다.

❸ 실험을 기획하라

4장에서 나는 통제된 실험, 즉 대조군을 사용하는 실험을 하는 법을 설명한다. 기초 과학에서 실험 대조군experimental controls이 흔히 간과되지만, 대조군이 있어야 실험결과가 더욱 의미를 갖는다. 대조군은 논리적 근거를 만들어 준다. 음성 대조군negative controls은 가장 밑바닥의 경우이고, 양성 대조

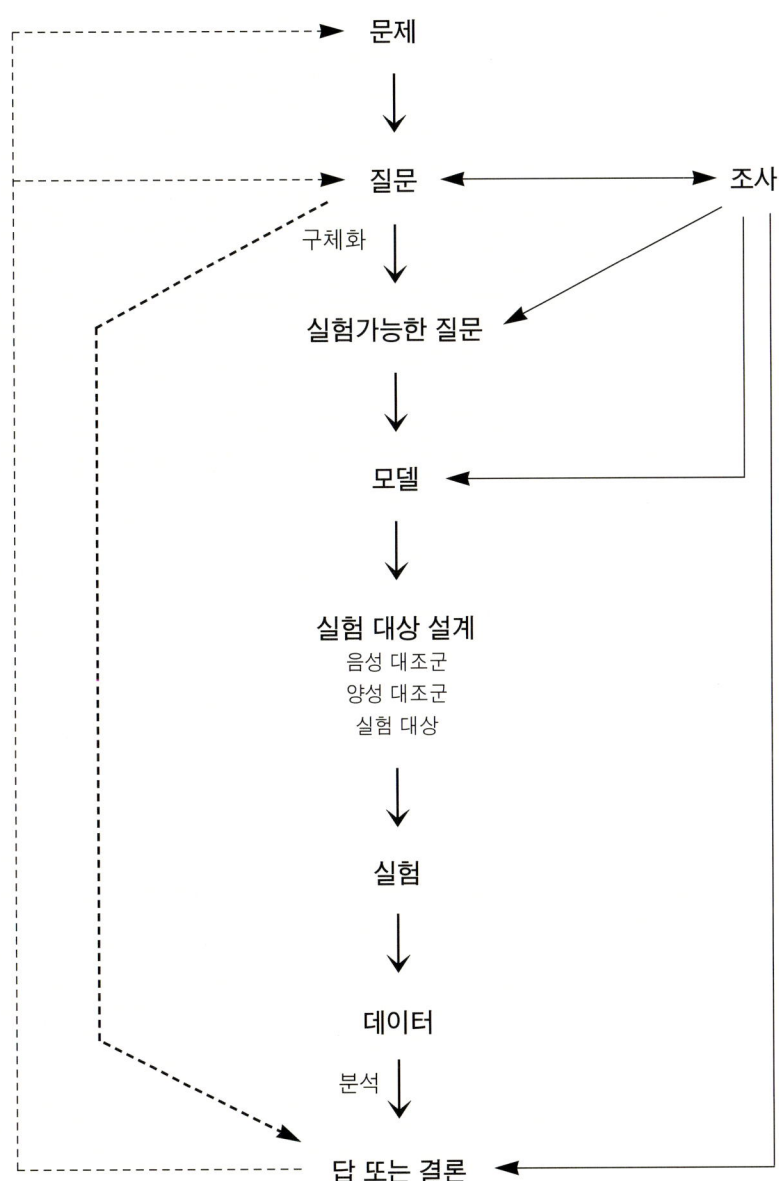

표 1.1. 문제풀이 순서도

군positive controls은 실험이 가장 잘 먹혀 든 경우이다. 여러 사례의 음성 대조군과 양성 대조군이 선택 사유와 함께 제시된다.

❹ 실험을 수행하라

실험을 수행하고 데이터를 수집하는 것은 실험과정에서 가장 재미있는 두 부분이다. 데이터는 조직적이고도 세심한 방식으로 수집되어야만 한다. 5장은 실험을 수행하고 데이터를 수집하며 실험 노트를 기록하는 것을 다룬다.

❺ 배우게 된 것을 이해하라

6장에서는 데이터에 의미를 부여하는 방법을 다룬다. 많은 숫자들로 인해 혼란스러울 수 있다. 숫자가 표현되지 않은 데이터들도 혼란스럽기는 마찬가지다. 실험결과에 의미를 부여하고 데이터를 이해하는 과정은 재미있고 보람차다. 그래프 그리기, 실험 관련 실수, 정성분석qualitative analysis, 데이터 발표 등에 대해 다룬다. 이런 주제들은 아이들이 수행하는 실험에 적합한 방식으로 다루어진다.

❻ 질문을 더 하라

실험 결과가 더 많은 보충 질문을 유도해 냈는가? 이들 새로운 질문 중에 일부는 추적 탐구가 가능했는가? 실험을 통해 생각지 못했던 것을 알게 되었는가?

두뇌가동 접근법

두뇌가동 방식은 표 1.1에 도식화되어 있다. 어떤 사람들은 이것을 과학적 방식이라 부른다. 순서도에 표현된 아이디어는 단순하다. 누구에게나 문제가 있다. 그래서 질문을 한다. 그러면 문헌 조사를 하고 질문에 대한 답을 찾아본다. 문제해결problem-solving 순서도에 사용된 용어가 낯설 수 있는데, 사실이런 문제해결 기법problem-solving techniques은 누구나 사용하고 있는 것이다. 각각의 단계는 이 책의 뒷부분에서 상세히 기술할 것이다.

질문이 문제를 정의하기 때문에, 질문을 던지는 것이 문제해결 기법problem-solving techniques의 첫 번째 단계다. 실험으로 답이 더 쉽게 찾아질지 아니면 다른 방식의 탐구로 답이 더 쉽게 찾아질지 판정하고자 질문을 분석할 수 있다. 어떤 경우에는, 그것이 실험 가능한 질문이 되도록 하기 위해 질문 내용을 구체화할 필요도 있고, 용어를 정의하거나 명확하게 해줄 필요도

있다. 실험 가능한 질문은 가설 또는 모델을 만들어 낸다. 가설은 실험에 의해
시험될 수 있다. 적절히 통제된 실험이라면, 분석과정은 필요하겠지만 질문에
답을 주는 데이터를 틀림없이 내놓을 것이다. 어떤 질문에는 곧바로 답이 나
올 수도 있다. 경우에 따라선, 답이 얻어진 다음에도 추가적인 질문이나 문제
를 유도해 낸다. 이 책은 초등학생들의 질문으로부터 시작한 두뇌가동 방식
수행과정을 한부분 한부분 자세히 설명할 것이다.

문제해결 기법problem-solving techniques은 그리 어렵지 않다

사람들은 이 방식을 사용해 매일매일의 문제를 풀어나간다. 그 과정은 사람들
에게 자연스럽다. 형식을 제대로 갖추거나 순서도를 그려가며 문제를 풀이하
려고 생각하지는 않을 것이다. 우리는 그냥 문제를 풀 뿐이다. 아이들은 일찍
부터 문제해결 기법을 사용한다. 예를 들어보자. 한 아이가 갖고 노는 장난감
을 다른 아이가 탐낸다. 두 아이는 장난감을 서로 차지하려고 갖은 꾀를 다 짜
낸다. 그리고 아마도 아이들 생각 가운데 오직 일부만 그 아이들의 부모가 받
아들일 것이다. 문제는 장난감을 차지하는 것이다. 첫 번째 질문은 "어떻게 하
면 내가 장난감을 차지할 수 있을까?"이다. 좀 더 구체화된 질문은 "확 낚아채
서 장난감을 내 것으로 만들 수 있을까?" 또는 "좋은 말로 달라고 해서 장난감
을 차지할 수 있을까?"쯤이 될 것이다. 아이는 장난감을 차지하려고 수많은
방법들을 궁리한다. 장난감을 빼앗는 시도가 바로 실험이다. 데이터 또는 결
과는 그 시도가 성공을 거두느냐 아니
냐이다. 두 아이 모두가 추가적인 실험
을 구상한다.

　　문제해결 기법은 인간이 타고나
는 능력이기는 하지만, 그 기술 또한
다듬는 것이 가능하다. 문제해결 기법
에 능한 사람들은 대개 성공하는 경향
이 있다. 문제해결 기법 개발의 가장
좋은 점은, 이 기법들이 많은 상황에
응용될 수 있다는 것이다. 대학원 시절
지도교수는 당시 내가 실험실에서 사용

하고 있던 방식은 내가 논문 집필을 마칠 즈음에는 이미 구식이 되어 있을 것

이라고 말했다. 그는 문제해결 기법problem-solving techniques을 익히는 것이 가장 중요하다고 말했다. 왜냐하면 그 기술을 내가 평생 써먹을 수 있을 것이기 때문이었다. 지도교수는 내게, 자신이 지도했던 대학원생 한 사람이 박사과정을 마친 뒤 가족농장 경영에 투신하기로 했다는 사실을 말해 주었다. 박사과정까지 마친 사람이 농장 일을 하기로 결심했다는 사실은 언뜻 이상하게 들릴 수도 있겠지만, 그 학생이 대학원에서 익힌 문제해결 기법은 그가 어떤 직업을 택하든 그에게 도움이 될 것이다.

문제해결 기법은 인간의 본성에 내재되어 있기 때문에, 아이들이 일찌감치 이 기술을 개발하도록 해줄 수 있다. 이 책에서 문제해결 기법은 과학적인 문제들에 응용된다. 나는 부모와 교사들이 재미있고도 도전적인 과학을 할 수 있는 환경을 만들어 줄 것을 바란다. 그렇게 해준다면 아이들은 자신을 둘러싼 세계를 배우는 데에 그들의 창의력을 응용할 수 있을 것이다.

문제해결 접근법problem-solving approach의 장점은 무엇인가?

아이들에게 과학을 가르치는 데에는 많은 방법이 효과적으로 사용될 수 있다. 그런데 부모와 교사들이 문제해결 접근법에 기초한 교수법 개발에 추가적 노력을 기울여야 하는가? 사람들이란 원래 자기가 생각한 아이디어에 흥미를 갖게 마련이라, 학생들은 자신이 제안한 과제에 관심을 갖게 된다. 그러면서 스스로 과학을 만들어간다. 자신의 질문으로부터 시작해서 그것을 구체화하고, 약간의 도움은 필요하겠지만 그 질문을 어떻게 실험으로 전환할지 알아낸다. 어떤 과학적 개념을 탐구할지도 결정한다. 또한 스스로의 힘으로 데이터를 분석하고 결론을 이끌어낸다. 이렇게 이루어진 실험은, 외부의 누군가에 의해 주어진 것이 아니라 학생들의 창작물이 된다.

문제해결 기법은 논리적이며 비판적인 사고를 북돋우어, 학생들이 무엇이라도 스스로 할 수 있는 능력을 길러 준다. 2장에서 설명하게 될, 질문을 구체화 해 나가는 과정에서 학생들은 그들의 아이디어를 분석하거나 특수용어를 사용하는 훈련을 받는다. 학생들은 문제해결 기법을 교육과 생활의 모든 측면에 응용할 수 있다. 데이터를 분석하고 스스로 결론을 이끌어 내는 능력은 초등학교 과학의 완성을 능가하는 가치가 있다. 문제해결 접근법은 창의성을 북돋운다. 학생들은 스스로 제기한 질문에 어떻게 답할지 궁리해야만 하기 때문이다.

이 책에서 묘사된 두뇌가동 방식은, 어떻게 하면 실험을 성공적으로 할 수 있을지에 대해서는 별로 중요하게 다루지 않는다. 설사 실험이 '작동하지' 않더라도, 그것이 실험을 수행하는 사람의 잘못이라고 말할 수만은 없다. 그 실험을 기획하고 수행하기 위해 모든 사람이 함께 노력했다. 그러므로 실험을 바로잡는 데에도 모두가 함께 노력할 수 있다. 실제 과학의 세계에서 모든 실험이 전부 '작동하는' 것은 아니지만, 성공적이지 않은 실험도 가치가 있을 수는 있다. 실험은 보통 반복되면서 개선될 수 있다. 과학적 실수와 실패는 때로 중요한 발견으로 이어진다. 앨버트 아인슈타인은 말했다. "실수를 한 번도 해 보지 않은 사람은 새로운 것을 전혀 시도해보지 않은 사람이다."

　이 책의 다음 장들에서 나는 두뇌가동 접근법을 어떻게 실행할 것인지를 단계별로 설명할 것이다. 사례의 대부분은 초등학생들이 던진 질문에서 이끌어 낸 것들이다. 내가 초등학생들에게서 수집한 과학 관련 질문들은 부록 1에 소개되어 있다. 부록 2는 실험 노트 샘플이다.

2

질문하기

Questions

상상은 우리가 날려 올릴 수 있는
가장 높은 연鳶이다.

– 로렌 베이컬

아이들은 자신들을 둘러싼 거대하고 혼란스러운 세상을 이해하려고 도전적인 질문을 숱하게 던진다. 내 아들들은 걸음마를 배우던 시절 모든 것에 대해 "아니야"라고 말하는 것 같았다. 그러다 그야말로 하룻밤 사이에 아들들은 "왜?"라고 묻기 시작했다. "왜 말은 머리가 커요?" "왜 거미는 점프를 하나요?" "저건 왜 메이애플May apples이라고 부르는데요?" 질문은 이어진다. "캘리포니아에도 대머리독수리가 살아요?" "원자原子는 뭘로 만들어요?" "헬리콥터는 날개 없이 어떻게 날아요?" "해파리에게도 눈이 있어요?" "행성行星들이 생겨난 이유에 대해 궁금하게 생각해 본 적이 있어요?" 남편과 나는 종종 우리도 답을 알지 못한다고 고백하지 않으면 안 되었다. 일부 질문들에 대해서는 답을 찾느라고 서점으로, 도서관으로, 아니면 인터넷으로 달려가곤 했다. 또 다른 질문들은 집에서 실험을 하게 된 실마리가 되었다.

홍수처럼 쏟아지는 질문들을 받으면서 나는 한 가지 중요한 교훈을 얻었다. 질문을 던지는 것이 답을 얻는 것보다 더 가치가 있을 수 있으며, 질문히는 것이야말로 학습과정에 들어서는 중요한 단계라는 사실을 알게 되었다. 질문을 함으로써 아이는 주제에 대한 관심을 여실히 드러냈다. 질문을 하자면 그 아이는 자신의 생각을 가다듬어야 하며, 그 주제의 어떤 측면이 헷갈리는지 가려 내야만 한다. 질문을 입 밖에 소리내 말하면서 그 아이는 개념을 자기 자신에게 설명하는지도 모른다. "아 그래, 이제 알았다"라는 말을 우리는 얼마나 많이 하고 들어 왔던가? 호기심은 많은 경우 이해의 첫 단계가 된다.

질문에 대한 반응이 중요하다는 사실 역시 나는 알게 되었다. "모르겠는데, 그래도 알아 낼 수 있을 거야"라고 반응하는 것은 창의력을 북돋우며 호기심의 가치를 키울 수 있다. 이런 식의 대답은, 아이의 아이디어와 호기심이 대단하고도 흥미로운 것임을 알리는 것이다. 속사포처럼 쏟아지는 아이들의 질문 공세 속에서 이처럼 열린 마음을 유지하기란 어려울지 모른다. 하지만 아이들의 관심을 인정하는 것은 그들을 실험과정에 계속 붙잡아 두는 데 필수적이다.

교육은 상당 부분 학생들로 하여금 질문에 답하도록 권장하는 것에 기초한다. 왜냐하면 학생들은 질문에 답함으로써 그들이 배운 것을 드러내기 때문이다. 질문에 효과적으로 답하는 능력은 두말할 것 없이 쓸모 있는 기술이다. 하지만 이와 마찬가지로 쓸모 있는 또 하나의 기술은 질문을 만들어 내고 그것을 다듬는, 다시 말해 최선의 질문을 하는 능력이다. 좋은 질문을 하자면 학생들은 그들이 아는 게 무엇이며, 모르는 게 무엇이고, 모른다면 왜 모르는지를 생각해 내야만 한다. 그들은 스스로의 힘으로 정보를 정리하고 분석하고 저장하기 시작한 것이다. 학습을 시작한 것이다. 아이들이 질문을 만들어 내고 질문을 하는 자연스러운 기술을 개발하도록 북돋우어 주는 일은, 시험이나 선행학습보다 훨씬 나을 것이다.

질문하기와 과학하기는 어떤 관계일까? 내 개인적 기억으로는 정규 교과과정을 통해 질문하기 기술을 개발하라는 것을 배운 적이 없다. 하지만 과학자에게 질문하기는 대단히 중요하다. 질문은 새로운 실험을 싹틔우는 씨앗이다. 정교하게 다듬어진 질문은 실험설계와 데이터분석에 도움을 준다. 질문은 어떤 문제를 명확하게 정의하며, 문제해결에 이르는 접근방법을 알려 준다. 이렇게, 질문하기는 문제해결 기법의 첫 단계가 된다.

좋은 질문을 하는 재능은 타고나는 것이 아니다. 그것은 평생 동안 북돋워지고, 가르치고, 배우고, 개발될 수 있다. 아이들은 이미 호기심으로 가득 차 있지만, 질문하기 기술을 발전시키도록 북돋워 줄 필요는 있다.

이 책에서 나는 아이들이 던지는 질문을 실험 설계의 기초로 삼을 것을 제안한다. 아이들을 위한 대부분의 과학 교재는 미리 만들어진 문제와 답을 가지고 묻고 답하는 형식으로 되어 있다. 나는 아이들의 질문으로 시작해서 아이들의 참여로 질문의 개념을 구체화하고, 아이들과 함께 해법을 찾아 나가는 접근방법을 선호한다. 이 방식은 아이들의 관심사항으로부터 출발하여, 아이들 스스로 탐구하면서 배우도록 하는 것이다. 아이들은 최초로 질문을 던지는 것에서부터 최종적으로 답을 내는 것에 이르기까지 실험과정의 모든 단계에 관여한다. 이러한 접근법은 아이들의 관심을 계속 붙잡아 둘 뿐만 아니라, 아이들에게 창의적이고 지적인 문제해결 기법problem-solving techniques을 개발시켜 줄 것이다.

좋은 질문이란 무엇인가?

좋은 질문은 연구 또는 실험에 의해 어떤 문제를 푸는 전략을 제시한다. 구체적이며 시험 가능한 아이디어를 묘사하는 것이 좋은 질문이다. 공허한 일반화가 아니라 분명한 정보를 요구하는 질문이 좋은 질문이다. 좋은 질문은 원하는 답을 얻는 도구이다. 좋은 질문은 문제를 명확하게 하며, 관련된 아이디어를 끌어낸다.

질문은 어떻게 하는가?

무언가 문제가 있을 때 우리는 질문을 한다. 내가 알고 있는 세상 돌아가는 이치와 다를 때 의문을 느껴 질문을 하는 것이다. 질문을 한다는 것은 정신적 가려움을 긁어서 해소하려는 것과 같다. 뭔가가 우리를 성가시게 만들고 있는데 우리는 그것을 알아 내려고 하는 것이다. 만약 원하는 답을 얻지 못하면 그 가려움은 멈추지 않는다. 그러면 우리는 다른 방식으로 질문을 던진다. 처음에는 상당히 포괄적이면서 제대로 정의되지 않은 용어를 써서 질문을 할 수도 있다. 이런 질문은 아마도 원하는 답을 내놓지 않을 것이다. 질문이 좀 더 구체화되면, 실험을 통해 연구되고 시험되어, 우리가 바라던 정보를 얻을 수 있다. 정신적 가려움을 해결할 수 있는 것이다. 질문을 다듬자면 여러 차례의 시도가 필요할지 모른다.

　　아이들 여럿이 첫눈 내리는 날 눈썰매를 탄다고 가정해 보자. 아이들은 서로 다른 모양의 눈썰매를 가지고 와서 서로 바꿔 가며 눈썰매를 탄다. '어떻게 하면 가장 '재미' 있게 눈썰매를 탈 것인가' 라는 것이 여기서 제기할 수 있는 문제이다. '재미' 라는 것은 사람에 따라 그 의미가 다를 수 있는 말이다. 이 경우 언덕 아래로 가장 빨리 내려가는 것이 가장 '재미' 나는 눈썰매 놀이라고 치자. 그렇다면 질문은 이렇게 다듬어진다. "어떻게 하면 내가 제일 빨리 미끄러져 내려갈 수 있을까?" 아니면 좀 더 낮게 이런 식으로 질문을 만들어 보자. "어떤 눈썰매가 제일 빨리 나를 언덕 아래로 데려다 줄 것인가?" 이제 질문은 구체화되었고 실험이 정의된다. 눈썰매가 언덕 아래까지 내려가는 데 걸리는 시간을 아이들이 측정하는 것이다. 측정된 시간을 비교해서 가장 빠른 눈썰매를 가려낼 수 있다.

그런데 이번에는 '재미'를 '신나는'이라고 정의해 보자. "어떻게 하면 가장 신나는 눈썰매 놀이를 할 수 있을까?" 여기에서 '신나는'은 직접 측정하기 어려운, 구체적이지 않은 낱말이다. '신나는'이란 무엇인가? 속도인가? 충돌인가? 회전인가? 질문은 아직 더 명확해질 필요가 있다.

다른 보기를 들어보자. 메뚜기는 벌레bug인가? 이 질문은 명료하다. 하지만 곤충학자들은 벌레bugs와 곤충insects을 달리 본다. 그러므로 구체화해 보자. 펑크 앤드 왜그널즈 표준 대학사전Funk and Wagnalls Standard College Dictionary은 곤충을 이렇게 정의한다. "크기가 작고, 공기로 숨을 쉬는, 전

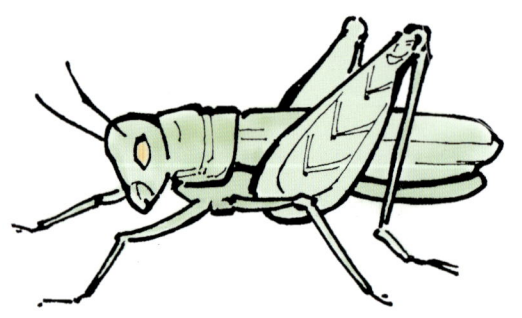

세계에 널리 분포하는 절지동물(곤충강)로서… 여섯 개의 다리에, 몸은 머리, 가슴, 배로 나뉘어 있고, 날개가 한 쌍 또는 두 쌍 있거나 아예 없다." 벌레는 이렇게 정의되어 있다. "찌르거나 빠는 입을 가진, 육지 또는 물속에 사는 곤충." 메뚜기는 다리가 여섯 개이며 몸이 세 부분으로 나뉘기 때문에 곤충이다. 메뚜기에게는 '찌르거나 빠는 입'이 없다. 좀더 어린 아이들에게 적합한 실험은, 메뚜기 그림을 보여 주면서(더 좋기로는 확대경 달린 상자 속에 실제 메뚜기를 넣어 보여 주면서) 다리와 몸통 부위들을 세어 보는 것이다. 아이들이 얻은 데이터가 다리 여섯 개에 몸 부위 세 개가 있으며, 찌르거나 빠는 입이 없다면, 메뚜기는 곤충이라는 결론은 얻는다. 여섯까지 수를 셀 수 있는 아이라면 누구나 이 실험을 할 수 있다.

모든 질문이 실험으로 연결되는 것은 아니다

어떤 질문에는 간단한 답이면 충분하다. 그런데 이런 유형의 아이들 질문을 찾기란 놀랄 정도로 어렵다. 언뜻 보기에 간단한 많은 질문들이 연구 과제 또

는 실험으로 전환될 수 있다. 가장 중요한 고려사
항은, 어떤 답이 질문자를 만족시킬 것인가 이다.

　"상어는 어디에다 똥을 누는가?" 상어는 배
설물을 바다에 버린다. 이러한 주제에는 더 이상
연구가 필요하지 않을 것이다.

　"가장 가치 있는 보석은 무엇인가?" 가치
있다는 것은 돈으로 따져 가장 값이 나간다는 것
일 수도 있고, 공업용으로 가장 유용한 것일 수도 있다. 어떤 경우가 되었든
아마도 다이아몬드가 그 답이 될 것이다. 만약 이 질문을 "어떤 특정한 보석이
가장 가치 있는 것이냐"라고 해석한다면, 연구가 필요하다. 세상에 이름이 알
려진 이러저러한 다이아몬드들을 우리 힘으로 경매에 붙여 볼 수 없기 때문
에, 우리로서는 이러저러한 보석들의 가치가 어느 정도라고 적어 놓은 기록을
보고 그것을 인정하는 수밖에 없다.

　많은 질문에 있어 선호되는 접근법은 연구다. "호모 하빌리스Homo
habilis는 왜 벌거벗고 돌아다녔나?" 이 질문은 그다지 다듬을 필요가 없다.
호모 하빌리스(재주 많은 인간)는 약 2백만 년 전 아프리카에 살았다. 호모 하
빌리스는 멸종했기 때문에 윤리문제는 차치하고라도, 그들을 대상으로 실험을
해보고 싶어도 할 수가 없다. 이 초기 인류에 대해 우리가 갖고 있는 정보라고
는 화석에 남아 있는 기록이 전부다. 그들이 옷을 지어 입었다는 증거는 없지
만 우리가 그것을 확실하게 알 수는 없다. 고생물학자들은 호모 하빌리스가
거주했던 지역은 기후가 온화했으며, 따라서 주변 환경으로부터 신체를 보호
할 필요가 없었을지도 모른다고 믿는다.

　문헌조사는 또 "코뿔소의 뿔은 무엇으로 만들어져 있나?"라는 질문의
답을 찾는 데도 매우 적합하다. 코뿔소는 멸종위기에 처한 종種일 뿐만 아니라
그 동물과 뿔 또한 실험대상으로 쉽게 구할 수 있
는 것이 아니다. 멸종위기에 처한 동물이나 그 동
물 신체의 일부분이라도 수입하는 것은 불법이
다. 코뿔소의 뿔은 탄탄하게 뭉쳐진 수천 가닥의
각질인 것으로 알려져 있다. 각질은 단단하며 소
화가 안 되는 단백질이다. 손톱, 발톱, 머리카락
역시 각질이다. 코뿔소의 **뿔**은 견고한 각질로서,
다른 동물들처럼 뿔 가운데 부분이 부드럽거나
구멍이 숭숭 뚫려 있지는 않다.

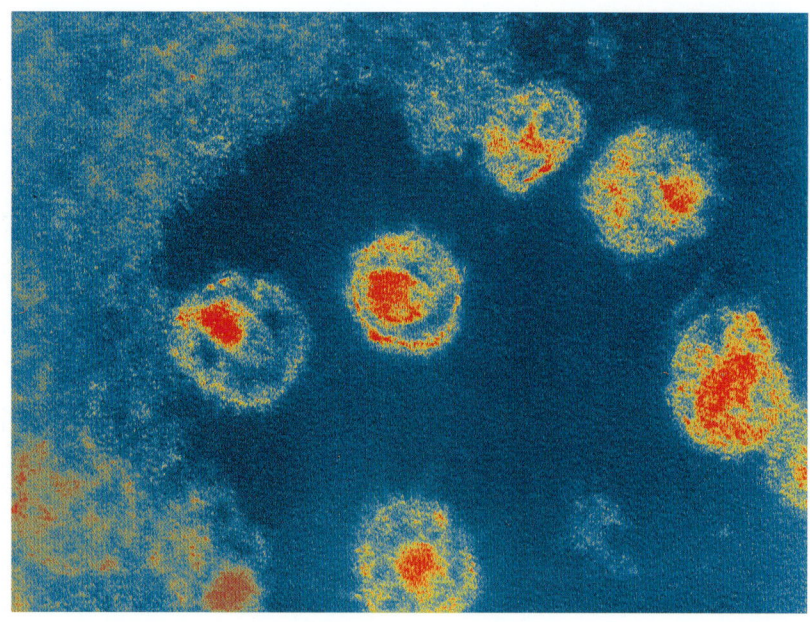

그림 2.1. 인간 면역결핍 바이러스 입자들(에이즈 바이러스). 이 전자 현미경 사진은 로버트 F. 개리 박사의 협조를 얻어 게재한 것이다.

어떤 질문은 너무 어려워서 간단한 가설과 실험만으로는 그 답을 찾을 수 없다. 어려운 질문에는 이런 식으로 접근할 수 있다. "우리는 무엇을 배우고 있는가?" "질문의 어떤 부분이 좀 더 다루기 쉬운가?" 약간의 조사가 필요할지 모른다. 예컨대 "당신은 에이즈를 어떻게 치료하는가?"는 많은 사람들이 답하고 싶어하는 질문이다. 인체 면역결핍 바이러스(HIV-1)로 초래되는 이 질병은 복잡하며, 인체의 기능과 방어체계의 많은 부분에 영향을 미친다.**그림 2.1** 이 글을 쓰고 있는 이 순간까지도 에이즈 완치방법은 나와 있지 않지만, 과학자들은 그간 여러 가지 효과적인 치료법을 개발해 왔다. 그들은 어떻게 했을까? 그들의 전략은 영화 '스타워즈 에피소드 4'에서 '혁명 연합군Rebel Alliance'이 '죽음의 별Dead Star'을 격파할 때 사용했던 전략과 비슷했다. '혁명 연합군'은 '죽음의 별' 설계도를 훔쳐 그 별을 분석해 약점을 찾아낸 다음 가장 취약한 부분을 공격했다. 이와 비슷하게 과학자들은 먼저 바이러스를 연구하여 그 유전자 코드 내부의 분자 설계도를 분석했다. 그들은 바이러스가 감염에서 어떤 기능을 하는지에 관한 모델을 고안해 냈으며, 그렇게 함으로써 중요한 특징과 잠재적인 취약점을 찾아냈다. AZT나 프로테아제 억제제 protease inhibitors 같은 약품들은 HIV-1의 특정한 기능을 억제하기 위해 설계된다. 이들 약품이 기능을 발휘하게 만드는 전략은, 마치 영화 '스타워즈' 에서 X자 모양 날개를 가진 우주전투기들이 '죽음의 별' 한가운데 난 긴 통로로 날아 들어가 열 분출구에 어뢰를 발사하는 장면과 비슷하다. 초등학생들이 치명적 질병을 치료하거나 미래의 우주무기를 고안하리라고 볼 수는 없지만, 그들이 제기하는 질문은 어떤 문제에 대한 전략적인 공격의 기초가 되게끔 다듬어 질 수는 있는 것이다. 부디 그런 힘이 그들에게 있기를!

　　"잎은 왜 녹색인가?"는 적어도 두 갈래로 검토될 수 있는 복잡한 질문이다. 잎이 녹색인 것은, 빨간빛을 흡수하고 녹색 빛만을 반사시키는 엽록소라는 화학물질을 함유하고 있기 때문이다. 답을 찾아나가는 한 가지 방법은, 프리즘에 의해 빛이 굴절되어 무지개 빛으로 퍼져 나타나는 현상 등을 관찰하면서, 사물의 색깔이 어떻게 다르게 나타날 수 있는지를 연구해 보는 것이다. 또 다른 방향은, 엽록소와 광합성 작용을 공부하여, 식물이 어떻게 빛과 물과 이산화탄소를 가지고 포도당이나 녹말과 산소를 만들어 내는가를 연구하는 것이다.

시작하는 방법

❶ 주제를 정하거나 한 개를 고르기 위해 투표한다
교실에서 실험할 경우 실험내용이 사전에 결정되어 있을 수 있다. 그해의 과학 활동이 식물, 나비, 혹은 토종 동물 등을 대상으로 하게끔 되어 있을 수 있는 것이다. 학생들이 그들 자신의 실험을 고안할 수 있지만 선정된 주제를 벗어나지는 않도록 해야 한다. 가정이나 다른 소규모 집단에서 수행되는 실험의 경우, 아이들의 구체적 관심사─축구, 눈썰매타기, 태양계 등─에 집중한다면 최선의 결과를 얻을 수 있을 것이다.

❷ 배경지식을 제공하거나 학생들의 주제연구를 돕는다
별도의 배경지식을 탐구해야 할 필요가 있다고 느낄 때, 이때가 시작하기 가장 좋은 시점이다. 예를 들어, 지역의 토종 동물로는 어떤 것들이 있나? 태양계에는 어떤 행성들이 있나? 해당 주제에 관한 책을 읽어 주면서 아이들의 질문을 이끌어 낼 수도 있다. 교육용 비디오를 틀어주거나 인터넷을 뒤져보게 하는 것도 도움이 될 것이다.

❸ 모든 학생 또는 집안의 모든 지녀에게 질문을 히게 한다
학생들의 가정에 보내거나 집안의 눈에 잘 띄는 장소에 게시할 수 있는 안내문을 만든다. 이 안내문을 통해 과학(또는 특정한 과학적 주제)에 관한 아이들의 질문을 요청하고, 메모지에 아이들이 질문을 적어 넣을 수 있는 공간을 남겨 둔다. 그런 다음 아이들이 질문을 생각해 낼 수 있게끔 며칠 기다린다. 그러면서 아이들에게는 머릿속에서 질문이 떠오르는 대로 속속 그 질문을 기록하라고 권한다.

이 책을 쓰느라 질문을 수집하면서 나는 어떤 주제나 정보를 특별히 정해 주지는 않았다. 그저 과학에 관한 질문이면 어느 것이나 좋다고 말했다. 왜냐하면 아이들이란 어차피 자신들이 관심을 가진 주제에 대해 물어올 것이기 때문이었다. 미리 정해 놓은 특별한 실험 주제를 반드시 수행해야 한다면, 앞의 1단계 및 2단계 과정은 필요 없게 된다. 나는 내 아이들이 말하는 것을 듣거나, 불쑥불쑥 내뱉는 질문들을 받아 적는 방식으로 많은 질문을 수집했다. 가장 중요한 것은 질문을 아이들로부터 받는 것이다. 아이들이 낸 질문으로부터 시작한다면, 아이들은 일단 실험에 흥미를 갖고 출발한다. 실험의 모든 과정에 참여시킨다면, 아이들은 끝까지 흥미를 잃지 않을 것이다.

❹ 실험에 적합한 질문 하나를 고른다

어느 눈썰매가 가장 빠르게 언덕을 내려가는지는 시험할 수 있지만, 티라노사우루스Tyrannosaurus rex가 어떤 색이었는지를 알아내는 실험은 설계할 수 없다. 적합한 실험 대상을 찾으려면, 우선 질문을 되도록 많이 수집해야 한다. 학생들은 어떤 질문(들)이 실험에 사용될 것인지를 놓고 투표를 하고 싶어 할지 모른다. 투표는 모든 사람의 관심을 붙잡아 두는 데 도움이 된다. 그리고 이 방식은 대규모 집단으로부터 수집한 수많은 질문들 중에 단 몇 개만을 선택해야 하는 고민을 해결해 준다. 투표에서 패배한 학생들을 다독거리는 또 다른 방법은 한 가지 주제를 여러 가지 방식으로 검토하는 것이 될 것이다. 한 무리의 아이들에게는 각 눈썰매의 속도를 서로 비교하는 실험을 설계하도록 하고, 또 다른 무리의 아이들에게는 각 눈썰매의 조종 능력을 조사하게 하는 식이다.

모든 질문이 실험의 기초로 활용될 수 있는 것은 아니다. 심지어 모든 질문이 답해질 수 있는 것도 아니다. 하지만 창의적인 생각의 결과인 모든 질문은 그 자체로 가치가 있으며 인정받을 만하다.

❺ 집단 연습으로서 질문들을 분석한다

"무엇이 '재미' 있는 것입니까?" "아, 그렇다면 눈썰매를 타고 가장 빨리 달리는 것이 '재미' 있는 것인가요?" 어떤 것에 대해, 당신이 생각하고 있는 의미를 아이들에게 일방적으로 알려 주려고 하지 말라. 여러 가지 해석이 있을 수 있기 때문이다. 만약 언덕 아래의 가시덤불을 피하는 것이 '재미'의 의미라면, 어떤 눈썰매 구조가 조종 능력을 향상시킬 수 있을까 하는 쪽으로 실험이 설계될 수 있다. 모든 사람의 의견을 모아 용어를 새롭게 정의하고, 이를 토대로 질문을 구체화해야 한다.

전체 집단의 참여를 유지하는 한 가지 방법은 난상토론brain-storming 기법을 활용하는 것이다(3장 참조). 난상토론에서는 집단의 모든 구성원들에게 의견제시가 요청된다. 아이디어가 모두 수집되고 나면 그 아이디어들은 분석된다. 먼저 아이들의 창의성이 제멋대로 발휘되게끔 내버려 둔 다음 그들의 제안을 정리하라.

사람들은 새롭거나 복잡한 아이디어를 접하면 저절로 질문이 떠오른다. 처음에는 질문이 모호해서 실험할 수 있는 상태가 아닐 수도 있다. 구체적인 언어를 사용함으로써, 그 질문은 연구나 실험의 기초가 되게끔 다듬어질 수 있다. 눈썰매타기 실험은, 어떻게 하면 최대의 재미를 느낄 수 있을 것인가 하는 문제와 더불어 시작되었다. 재미가 속도와 같은 의미였을 때에는 "어느 눈썰매가 언덕을 가장 빠르게 내려가는가?"라는 후속적인 질문이 실험을 규정했다. 눈썰매타기 실험은 이 책의 뒷부분에서 모델 만들기, 실험대상 설계, 통제실험, 데이터 수집, 분석 및 설명 과정을 설명하는 동안 계속 활용될 것이다.

이 책을 준비하면서 내가 초등학생들에게서 수집한 질문들은 부록 1에 나열되어 있다.

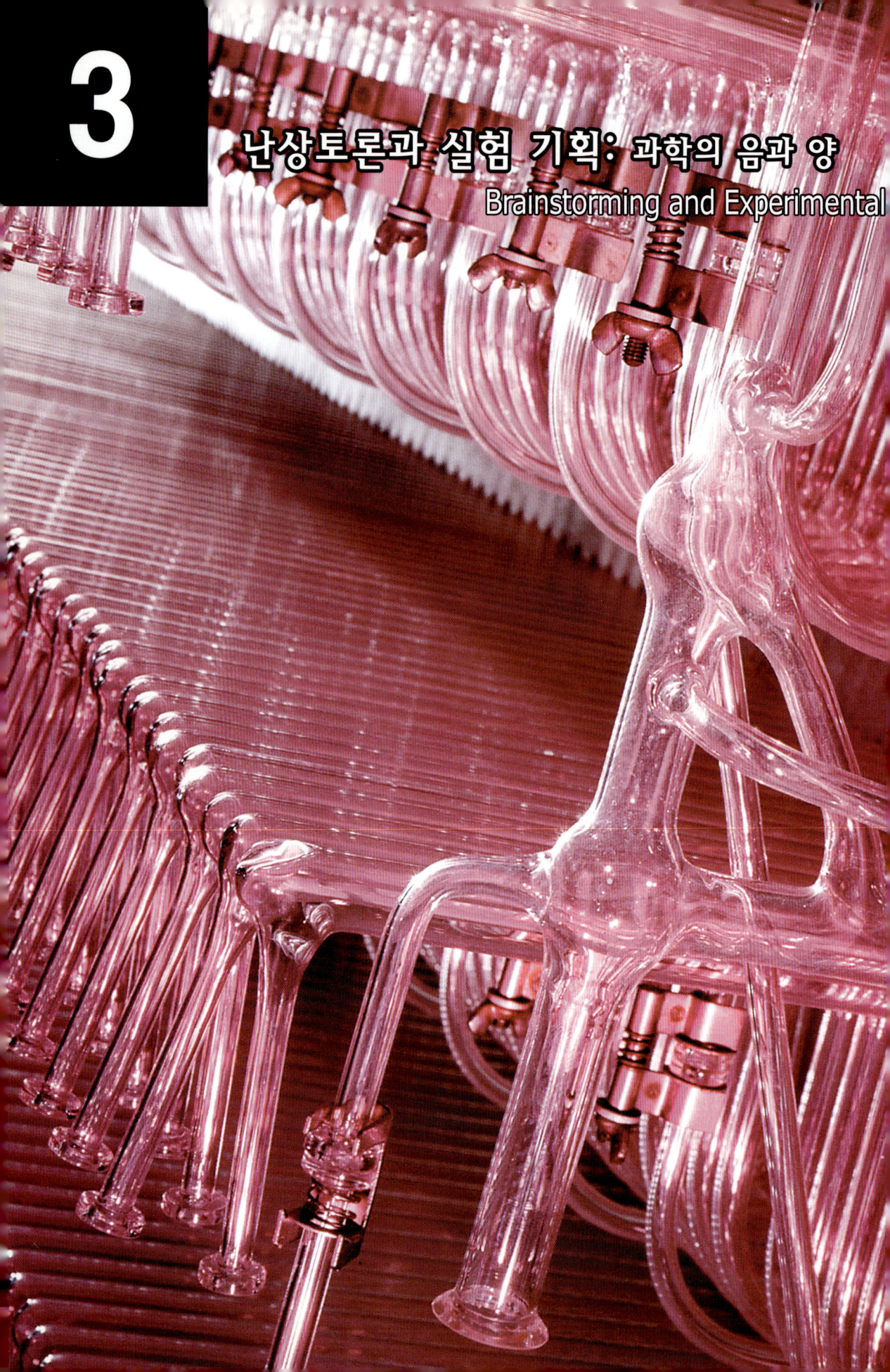

3

난상토론과 실험 기획: 과학의 음과 양
Brainstorming and Experimental

Planning: The Yin and Yang of Science

먼저 일을 계획하고,
다음 그 계획을 실행하라.
그렇게 한다면 일은 끔찍하리만치 단순하다.
그렇게 하지 않는다면, 그것은 간단히 말해 끔찍하다.

– 무명씨

실험 기획experimental planning에는 세세한 부분까지 관심과 배려가 요구된다. 난상토론brain-stormig은 고삐를 풀어 놓은 창의성이다. 성공적인 실험을 위해서는 서로 보완하는 관계인 이 두 사고과정이 요구된다. 이 장에서 나는 실험을 기획하기 위해 난상토론 기법을 어떻게 사용할지를 기술한다.

난상토론brain-stormig이란 무엇인가?

난상토론은 문제풀이 기법과 비판적 사고를 가르치는, 창의적이고 재미있으며 기막힌 보조물이다. 난상토론은 아이들에게 잘 먹혀든다. 이 기법을 사용하는 학생들은 독창적인 생각을 공유하며, 남들이 내놓은 아이디어들을 기초로 생각을 다듬어 나간다. 난상토론은 팀워크와 협동을 촉진하는 한편 자부심과 자의식을 허용한다. 난상토론은 과학에 대한 두뇌가동 접근법의 필수적인 부분이다. 그것은 질문을 다듬고 실험을 기획하며 결론을 도출하는 데, 또는 창의적 사고가 요구되는 어떤 경우에든 사용될 수 있다.

난상토론의 배경이 되는 개념은 단순하다.
· 집단 구성원 모두에게서 아이디어를 구한다.
· 그 아이디어들을 기록한다.
· 그 아이디어들을 나중에 분석한다.

집단을 대상으로 질문을 던지거나 문제를 제기하는 것으로 시작해 보라. 답이나 풀이에 대한 아이디어를 요청하라. 아이들이 제안을 내놓는 족족 그것들을 기록해야 한다. 아이들의 아이디어를 기록하는 것은 아이디어를 존중한다는 뜻이 되며, 아이들의 의견을 잊어버리는 것을 막아 준다. 내 경험에 비춰 보자면, 신이 나서 열정적으로 내놓는 아이들의 제안을 전부 받아 적기는 어려울 수 있다. 창의적인 사고를 북돋우려면 분석은 뒤로 미루어 두고, 일단 모든 아이디어를 수집하라. 아이디어 가운데 가능한 것, 불가능한 것, 실용적인 것, 실용적이지 않은 것은 나중에 분류하면 된다. 먼저 아이들의 창의성이 마음껏 활개 치게 내버려 두라. 찬찬히 현실성을 따져볼 시간은 뒤에 내면 된다. 다른 사람의 발언이 폄하되는 것을 목격하면 아이들은 아이디어를 내는 데 주저할 수 있다. 어른 입장에서 코멘트를 삼가는 데에는 훈련과 자제력이 필요하다. "아이들을 그냥 내버려 두어야겠다"는 생각이 들면 나는 입을 꽉 다물고 기록만 한다.

아이들은 아이디어를 많이 내놓을 것이다. 그리고 진지하게 내놓는 이들 아이디어는 모두 진지하게 고려되어야 한다. 물론 아이들은 흥분하기 쉽다. 그래서 일부 제안들은 한마디로 실없거나 전혀 이득이 안 될 수도 있다. 우스꽝스러운 제안과 탁월한 제안을 분간해 내자면 분별력과 솜씨가 필요할 것이다. 하지만 학부모와 교사들은 대부분 이런 문제를 이전에 겪어 보았다. 때로는 분명 '실없는' 아이디어들도 가치 있는 것으로 드러날 수가 있다.

"난초는 사람이 건드리는 것을 알 수 있을까?"라는 질문을 다듬는 데 난상토론이 활용될 수 있다. 아래에 보이는 굵은 글자체 문장은 유도 질문이고, 보통 글자체로 나타낸 문장은 예상되는 아이들의 반응이다.

"난초는 사람이 건드리는 것을 알 수 있을까?"라는 질문에 대해 생각해 봅시다.

여기서 "알다"는 어떤 뜻일까요?

· 음, 인지한다는 것일까요?

· 식물은 아무것도 '인지하지' 못해요. 식물은 뇌가 없잖아요.

· 식물은 뇌를 가지고 있지는 않아도 뭔가를 할 수는 있어요. 너무 더우
면 시들고, 밤이 되면 꽃이 오므라들잖아요.

여러분은 식물이, 사람들이 알아볼 수 있는 변화를 한다고 말했어요. 식물은 빛이
나 열 같은 환경 요소에 반응할 수 있지요.

· 맞아요, 식물은 살아 있습니다. 생각하기는 아니더라도 무언가를 하
기는 합니다.

· 그래, 하기야 하지. 식물은 자랄 수 있다. 식물은 죽을 수 있다. 엄청
난 걸 하네.

질문을 다듬어 보면, "난초를 건드리면, 사람들이 알아볼 수 있는 변화를 할까?"
인데, 무엇으로 '건드릴'까요?

· 손가락으로요.

· 연필로요.

· 녹아 있는 용암으로요.

손가락, 연필, 녹아 있는 용암. 이 제안들에 대해 검토해 봅시다. 의견을 말해 보세요.

· 녹아 있는 용암을 어디에서 구하지요?

· 요새 우리 동네에서 화산 본 사람?

물론 녹아 있는 용암으로 시험해 볼 수는 없어요. 그런데 난초에 뜨거운 열을 가
해 나타나는 효과는 시험해 볼 수 있지요.

· 성냥에 불을 붙여서 불어 끈 다음, 뜨거운 끝부분을 난초에 대어 보면
되겠네요.

· 그건 용암만큼 뜨겁지는 않아.

· 그래도 굉장히 뜨거울 거야.

자 이제, 우리 질문으로 돌아가 봅시다. 어떤 결과를 얻었지요? "난초를 손가락으
로 건드리거나, 연필로 혹은 뜨거운 성냥 끝부분으로 건드리면, 그 난초는 사람들
이 알아볼 수 있는 변화를 할까?" 이제 이 질문은 실험할 수 있습니다.

어린이 난상토론의 생생한 사례는 7장에 소개되어 있다. 그 토론에서 나는 초등학교 1학년 학생들에게 "사과주스는 왜 갈색인가?"라는 질문을 제시하면서, 깎은 사과조각에 공기가 닿지 않게 할 방법을 궁리해 보라고 주문했다. 처음 나온 제안은 "사과를 냉장고에 넣는다"였다. 나는 그대로 받아 적었다. 두 번째 제안은 "사과를 달, 즉 외계에 갖다 놓는다"였다. 그러자 아이들이 웃음을 터뜨렸다. 나는 아이들을 조용히 하도록 한 다음 '외계'라고 적었다. 이 밖의 다른 제안들은 표 7.4에 나타나 있다. 이를테면 이런 것들이다. 사과에 문방풀이나 캐러멜을 뿌린다. 호일이나 화장지로 사과를 싼다. 사과를 물, 기름, 흙, 비닐봉지, 상자 속에 담는다. 아이들이 같은 말을 반복하기 시작할 즈음 나는 제안 접수를 중단했다. 다음으로 우리는 그 제안들을 분석했다. 나는 아이들에게 '냉장고'라고 읽어 주고 교실에 냉장고가 없기 때문에 이 제안을 시험해 볼 길이 없다고 말했다. 또 다른 학생이 냉장고에는 차가운 공기가 있다고 지적했다. 다음으로 나는 '외계'라고 말했다. 아이들 사이에서 더 크게 웃음이 터졌다. 몇몇 아이들이 우리에게는 로켓이 없다고 말했다. 나는 외계라는 제안을 내놓은 여학생을 쳐다보면서 이렇게 말했다. "외계에는 공기가 없기 때문에 그렇게 한다면 될 것이다. 하지만 그것 역시 우리가 교실에서 시험해 볼 수 없는 제안이기는 마찬가지다." 나머지 아이디어들을 놓고 논의와 시험이 계속되었다. 나는 아이디어들 가운데 일부는 분명 '말이 안 된다'고 생각했다. 하지만 다양한 결과들을 관찰한다면 훨씬 재미있을 것 같기는 했다.

사과를 외계로 가져간다는 것은 언뜻 어리석어 보일 수 있다. 하지만 나로서는 그런 생각을 해낼 수 있는 창의성을 인정하고 싶었다. 이 제안을 한 아

이는 달 부근에 산소가 없다는 것을 알고 있었으며 그 지식을 문제 풀이에 응용했다. 그 아이의 아이디어는 식품 진공포장의 기초개념이다. 미국항공우주국(NASA)에서는 지구상에 존재하는 물질들을 대상으로 중력과 산소가 없는 상태를 시험하고는 한다. 쉽게 시험할 수 없는 아이디어라고 할지라도 충분히 인정해 줄 가치가 있다.

내가 보기에 실현성이 없는 또 다른 아이디어는 사과 조각을 두루마리 화장지로 포장한다는 것이었다. 두루마리 화장지로 사과를 둘러싼다 해도 공기가 차단되지 않는다는 것을 나는 잘 알고 있었다. 다음에 언젠가 물질이 공

기를 통하게 하는 성질에 관한 토론과 더불어 실제 두루마리 화장지에 공기를 불어 넣는 시험을 해볼 수도 있겠다고 생각했다. 그런데 두루마리 화장지로 둘둘 감아 놓은 사과가 거의 갈색으로 변하지 않은 것을 보고 깜짝 놀랐다. 현재로서도 이 현상에 대해 어떻게 설명할 수가 없다.

아이들이 내놓는 제안들을 분석하는 데 있어 가장 좋은 방법은 집단 전체로부터 나온 것들을 가지고 하는 것이다. 난상토론은 세심한 배려 속에 진행되어야 한다. 어떤 제안도 웃어넘겨서는 안 된다. 언뜻 어리석어 보이는 아이디어들조차 나중에 재미있는 것으로 판명될 수 있다. 라이트 형제가 처음 비행기 제작을 제안했을 때 그들이 주변의 반응을 접하고 느꼈을 심정을 한번 생각해 보라.

실험기획: 뛰어오르기 전에 생각하고, 보고, 그리고 뛰어올라라

곧바로 실험에 돌입하고 싶은 유혹이 종종 들 것이다. 하지만 먼저 꼼꼼하게 기획하고 나서 시작한다면 실험결과가 훨씬 의미 있는 것이 될 것이다. 실험기획은 아래의 질문들에 대답하는 것이 되어야 한다.

· 당신은 그것이 어떻게 작동할 것이라고 생각하는가?
· 조사 결과 이 시스템에 대해 알아낸 것은 무엇인가?
· 당신은 지금도 그것이 그런 식으로 작동하리라고 생각하는가?
· 그것이 작동하는 방법에 대한 다른 가능성이 있는가?
· 그 모델(또는 가설)은 시험될 수 있는가?
· 그 모델은 어떻게 시험될 수 있는가?
· 실험의 결과가 우리 모델과 다른 모델을 구별 지을까?
· 그 모델들의 오류를 입증할 방법이 있는가?
· 시험과 관련한 잠재적인 문제는 무엇인가?
· 데이터와 관련한 잠재적인 문제는 무엇인가?

이러한 질문들은 기술적이며 어려워 보일지 모른다. 하지만 학생들이 그 질문들에 답하도록 북돋우는 데 난상토론이 활용된다면 그 질문들은 재미나고도 창의적으로 다루어질 수 있다. 교사나 부모는 질문을 하나씩 학생들에게 던지면서, 전혀 위협적이지 않은 방식으로 필요한 정보를 획득할 수 있다.

앞의 세 가지 질문은 정보수집에 관한 것이다. 나머지 일곱 가지 질문은 문제해결problem-solving기술을 길러준다. 난상토론 시간을 한 차례 이상으로 나누는 것도 좋다. 학생들이 지치게 되면 난상토론이 효과적으로 진행되지 않는다. 또한 열정적인 난상토론을 통해 창의적인 아이디어를 봇물처럼 쏟아내는 아이들을 중간에서 제지하는 것은 좋지 않다. 난상토론을 계속할지, 아니면 다른 활동으로 옮아갈지를 결정하는 것은 아이들의 태도를 보아가면서 해야 한다. 어려운 문제가 있을 경우 그것을 '한숨 재우는' 것이 이로울 경우가 종종 있음을 명심하라.

눈썰매타기 실험을 대상으로 이들 질문들을 검토해 보자. 다음 사례에 소개된 대화 내용은 가상적인 것이다. 굵은 글씨는 앞에서 소개한 목록에 해당하는 질문들이다.

여러분은 그것이 어떻게 작동한다고 생각합니까? 왜 눈썰매는 눈 덮인 언덕을 내려가지요?

· 눈썰매가 언덕을 따라 내려가는 것은 언덕이 미끄럽기 때문입니다.
· 눈과 얼음의 표면에는 마찰이 많지 않습니다. 우리는 지난해 마찰에 대해 배웠습니다.
· 중력이 눈썰매를 아래로 끌어당깁니다.

그러니까, 눈썰매가 언덕을 내려가는 것은 눈과 얼음의 표면에 마찰이 거의 없기 때문이고, 중력이 눈썰매를 아래로 끌어당기기 때문이란 말이지요. 여기 내가 마찰에 관한 책을 몇 권 갖고 있어요. 여러분 모두가 이 책들을 읽고, 마찰에 대해서 적어도 한 가지씩 알아내 보세요.

아이들은 마찰에 대해 조사하고 나서, 다음과 같은 정보를 알게 되었다.

· 물체를 서로 비비면 마찰이 있다.
· 발생하는 마찰의 양은 물체를 서로 얼마나 강하게 비비는가에 비례한다.
· 거친 물체들을 서로 비빌 때보다 부드러운 물체들을 서로 비빌 때 마찰이 덜 발생한다.
· 마찰이 너무 많으면 두 물체는 전혀 움직일 수도 미끄러질 수도 없다.
· 마찰로 열이 발생한다.
· 윤활제는 마찰을 줄인다.

그림 3.1. 실험에 사용된 눈썰매들. A는 소서-워크스(Saucer Works), B는 엘-엘-빈(L. L. Bean), C는 지피-웜퍼(Ziffy Whomper), D는 에스엘엠(SLM), E는 아웃도어 아웃피터 (Outdoor Outfitter).

자료에서 알 수 있듯이, 눈썰매는 썰매 바닥과 얼음 사이에 생기는 수막 위를 미끄러지면서 언덕을 내려갑니다. 물이 윤활제로 작용하는 것입니다. 마찰열이 얼음과 눈을 녹일 때, 물이 생깁니다. 눈을 녹이기 어려울 정도로 아주 추운 날에는, 눈썰매가 빨리 나아가지 않습니다. 그러면 이제 우리가 사용하려는 눈썰매들을 살펴봅시다. 이것이 눈썰매 바닥들 생김새입니다.**그림 3.1**

표 3.1. 눈썰매의 무게		
눈썰매	무게(파운드)	무게(킬로그램)
지피-웜퍼	3.5	1.6
소서 워크스	1.0	0.46
아웃도어 아웃피터	2.0	0.91
에스엘엠	3.0	1.4
엘-엘-빈	13	5.9

눈과 접촉하는 바닥면의 차이에 주목해 보자. 눈썰매 날이 큰 것도 있고 작은 것도 있다. 그리고 어떤 것은 바닥이 매끄럽다. 눈썰매들의 무게는 표에 나타난 것과 같다. 눈썰매 무게를 달고 그 무게를 파운드에서 킬로그램으로 환산해 준 학생들에게 감사한다. 우리 모두는 미터법과 친숙해질 필요가 있다.

여러분들은 아직도 그런 식으로 작동한다고 생각합니까? 그것의 작동 원리로 다른 가능성은 없을까요? 좋아요, 마찰이 있고 없고 여부가 눈썰매 타기에서 큰 작용을 하는 것으로 보이네요. 그럼, 어떤 눈썰매가 가장 빠를 것인지에 관해 누가 모델이나 가설을 세워 볼 수 있겠어요?

· 저는 바닥이 가장 매끄러운 소서–워크스Saucer Works 눈썰매가 가장 빠를 거라고 생각합니다.

· 저는 가장 가벼운 눈썰매가 가장 빠를 거라고 생각합니다

· 저는 붉은 눈썰매가 가장 빠를 거라고 생각합니다.

여기 내가 '가장 매끄러운 바닥', '가장 가벼운', 그리고 '붉은' 이라고 적었습니다. 이 세 가지 모델들에 대해 생각해 봅시다. 우리가 마찰에 대해 조사했던 바에 의하면, 매끄러운 물체들을 서로 비빌 때 마찰이 덜 발생하므로 1번 모델이 맞을 수 있겠네요. 또, 무거운 눈썰매는 더 세게 눈과 비벼지니까 더 많은 마찰이 발생하므로 2번 모델 역시 옳을 수 있겠네요. 눈썰매의 색깔에 대해서 누가 의견을 내어 보겠습니까?

· 색깔은 속도와는 아무런 상관이 없습니다.

· 네가 어떻게 알아?

· 그냥 상관없어.

· 그러면 어째서 빨간색 스포츠카를 사는 사람이 그렇게 많아?

우리는 모델 세 가지를 전부 검토해 볼 수 있어요. 어느 것이 옳고 그른가를 가려 낼 수 있는지 살펴볼 겁니다. 모델 세 가지를 칠판에 적어 봅시다.
· 모델 1: 바닥이 가장 매끄러우므로 소서-워크스가 가장 빠를 것이다.
· 모델 2: 가장 가벼우므로 소서-워크스가 가장 빠를 것이다.
· 모델 3: 빨간색이므로 소서-워크스가 가장 빠를 것이다.

이 모델들은 시험될 수 있을까요?
· 예, 눈썰매들 속도를 비교해 볼 수 있습니다.

어떻게 모델들을 시험해 볼 수 있나요?
· 눈 오는 날 눈썰매들을 끌고 언덕으로 올라가 어느 것이 가장 빨리 달 리는지 알아보면 됩니다.
· 눈썰매들이 언덕을 내려가는 데 걸리는 시간을 재서 서로 비교해 보 면 됩니다.
· 소서-워크스가 이기면, 그것이 가장 빠르다는 것을 알게 됩니다.

눈썰매들을 서로 경주시켜야 할까요, 아니면 하나씩 속도를 재서 비교해야 할까요?
· 경주시켜요!
· 지난번 경주에서 내 눈썰매는 남들 눈썰매보다 느렸어요. 경주가 공 정하지 않았습니다.
· 언덕에는 경사가 가파른 부분도 있습니다.
· 만약 경주를 시킨다면 모든 조건을 똑같이 해야 하는데, 그러기는 어 려울 것 같아요.
· 어떤 애들은 눈썰매를 훨씬 세게 밀 수 있고요, 어떤 애들은 조종을 잘해요.

그러니까 여러분의 말은, 어떻게 해야 가장 잘 타느냐, 혹은 어떤 아이가 가장 잘 타느냐가 아니라, 어떤 눈썰매가 가장 빠른가를 알아내려 한다는 것이지요?
· 모든 경우에 똑같은 코스를 적용해야 합니다.
· 그리고 동일한 사람이 모든 눈썰매 타기를 수행해야 합니다.
· 제가 타면 되겠네요. 제가 그 눈썰매 타기를 할까요?

· 경주가 재미있을 것 같은데.

우리가 얻는 결과가 어떤 모델이 옳은지를 알려 줄까요?

· 아닙니다. 소서-워크스는 세 가지를 모두 갖추고 있어요. 바닥도 가
  장 매끄럽죠. 무게도 가장 가볍죠. 색깔도 유일하게 빨강이잖아요.

**만약 소서-워크스가 가장 빠르지 않다면, 모델들 모두가 옳지 않다고 가정할 수
있습니다. 그런데 소서-워크스가 가장 빠르다 하더라도, 어느 모델이 옳은지는
가려낼 수 없을 겁니다. 세 모델을 구별해 줄 방법이 있을까요? 모델들 중에 어느
것이 잘못인지 알 수 있을까요?**

· 그게 무슨 뜻이죠?

**눈썰매들의 속도를 시험했는데 소서-워크스가 가장 빨랐다고 해봐요. 여러분들
은 그 눈썰매가 왜 가장 빨랐는지 말할 수 있나요? 바닥이 가장 매끄럽기 때문인
가요? 가장 가볍기 때문인가요? 아니면 붉은색이기 때문인가요?**

· 음, 소서-워크스가 가장 빨랐다면, 바닥이 가장 매끄럽기 때문이겠지요.

· 그게 가장 가볍기도 하잖아.

· 또 그것만 빨간색이고.

우리가 지금 사과와 오렌지를 비교하고 있나요?

· 아니요. 눈썰매들을 비교하고 있습니다.

**내 말은, 눈썰매들끼리도 차이가 많이 있다는 것이지요. 생긴 모양새나 무게나 색
깔 같은 것 말이지요. 우리가 지금 비교하고 있는 바로 그것을 어떻게 알 수 있을
까요? 어떻게 하면 매끄러운 정도만 비교해 볼 수 있을까요? 어떻게 하면 무게
만, 어떻게 하면 색깔만?**

· 소서-워크스의 바닥을 거칠게 만든 다음, 그래도 그것이 여전히 빠른
  지 확인하면 되겠네요.

· 소서-워크스를 좀 더 무겁게 만들어 볼 수 있겠네요.

· 색깔이 다른 소서-워크스를 하나 구하거나, 다른 색깔을 칠해 볼 수
  도 있을 겁니다.

· 무거운 다른 눈썰매들을 가볍게 만들 수도 있을 텐데요.

바로 그거예요! 되돌아가서 여러분의 아이디어를 분석해 봅시다. 눈썰매 바닥을 거칠게 만들려면 어떻게 해야 할까요?

· 사포를 쓰면 됩니다.

· 토치torch로 바닥을 녹이죠.

· 자갈이라든지 뭔가 거칠거칠한 것을 바닥에 붙이면 어때요.

사포, 토치, 그리고 자갈. 이 아이디어들을 검토해 봅시다. 어떻게 생각해요?

· 사포로 문질러 봐야 약간만 거칠어질 뿐일걸요.

· 토치를 쓰는 게 재미있을 것 같아요.

· 토치로 녹이면 눈썰매가 찌그러져 버릴 거야.

· 자갈을 단단히 붙일 수만 있다면 제일 좋을텐데.

좋아요. 그럼, 눈썰매를 무겁게 만들려면 어떻게 해야 할까요?

· 눈썰매에 돌을 얹으면 됩니다.

· 그러다 눈썰매가 충돌하면 돌에 부딪힐 수 있는데.

우선 아이디어를 많이 내어 놓고 분석은 나중에 해요. 알았죠?

· 눈썰매에 책을 얹을 수도 있어요.

· 무거운 배낭을 메면 어떨까요.

· 배낭 무게를 조절해 모든 눈썰매의 무게가 같아지도록 만들 수 있겠네요.

모든 눈썰매의 무게를 일정하게 하자는 제안이네요. 가벼운 눈썰매에 타는 사람은 무거운 배낭을 메고, 무거운 눈썰매에 타는 사람은 가벼운 배낭을 메서, 전체 무게로는 같아지게 한다는 거죠. 돌, 책, 배낭에 대해 누구 의견 있는 사람?

· 눈썰매가 충돌하면 어떡하나요? 돌에 부딪혀 다치고 싶은 사람이 어디 있겠어요?

· 책은 어떨까?

· 배낭에 넘어지는 건 별 문제 없을 거야.

· 그럼 그렇게 해요.

눈썰매 무게가 속도를 결정한다면 어떤 눈썰매가 가장 느려야 할까요?

· 엘-엘-빈이 다른 눈썰매들보다 훨씬 무겁습니다.

· 틀림없이 엘-엘-빈이 가장 느릴 겁니다.

눈썹매 색깔에 대해 뭔가 말하고 싶은 사람 있나요?
· 소서-워크스에, 예를 들면 황금색 같은 다른 색을 칠할 수 있을 겁니다.
· 우리 집에 파란색 소서-워크스가 있는데.
· 파란색 눈썹매가 빨간색만큼 빠르다면 색깔은 문제가 되지 않는 거지요.

무거운 눈썹매를 가볍게 만들자면 어떻게 해야 하나요?
· 부수지 않고서는 그렇게 할 수 없을 것 같습니다.

우리가 어떤 결론을 얻었나요? 눈썹매의 매끄러운 정도나 형태를 바꾸는 것은 어려울 것 같아요. 눈썹매 무게에 대해 조사할 수 있는 방법은 몇 가지 있네요. 가벼운 눈썹매를 타는 사람에게는 배낭을 메게 하여 눈썹매 전체를 무겁게 만들 수 있을 겁니다. 또, 만약 2번 모델이 옳다면, 가장 무거운 눈썹매는 가장 느려야 할 겁니다. 3번 모델이 옳은지 그른지는 빨간색 소서-워크스와 파란색 소서-워크스의 속도를 비교해서 시험해 볼 수 있습니다.
눈과 맞닿는 눈썹매 바닥의 넓이 차이는 어떤가요? 엘-엘-빈 눈썹매는 나무로 된 날을 가지고 있고, 다른 눈썹매들은 거의 바닥전체가 눈과 접촉합니다. 눈과 접촉하는 면이 넓을수록 더 많은 마찰이 발생할 거라고 생각합니까?
· 아마도 그럴걸요.
· 눈썹매 바닥 면적이야말로 우리가 진짜 바꿀 수 없는 것인데요.
· 면적이 얼마나 되는지 저희가 어떻게 알아요? 우리 형이 그런 문제를 숙제로 받아 왔는데, 형은 중학생이거든요.

이 문제는 우리가 실험을 하고 난 이후로 미뤄 두지요. 엘-엘-빈 눈썹매가 가장 빠르다면 우리는 모델들을 수정해야만 할 겁니다. 눈썹매의 바닥 면적이 중요한 요인인 것으로 드러난다면, 내가 여러분에게 기하학을 설명해 줄게요.
시험과 관련된 잠재적 문제로는 무엇이 있을까요? 물기가 많은 눈 위에서는 바닥이 가장 매끄러운 눈썹매가, 아니면 가장 가벼운 눈썹매가, 아니면 빨간색 눈썹매가 가장 빠를까요? 꽁꽁 얼어붙은 눈 위에서라면 어떨까요? 얇고 풀이 섞인 눈 위에서는 또 어떨까요?
· 모르겠어요.
· 왜 그것이 중요합니까? 우리는 같은 날 모든 눈썹매를 시험할 거니

까, 그날 눈 상태 그대로 테스트하면 되지요.

언덕의 상태는 관계가 없을까요? 실험을 시작할 때에는 눈썰매가 가루눈 위를 달렸는데, 실험이 끝날 때에는 그 눈가루가 뭉쳐져 얼음이 되었다면? 눈썰매는 가루눈과 얼음 중에 어느 것 위에서 더 빠를까요?

· 얼음 위요.

· 가장 늦게 시험하는 눈썰매가 가장 빠른 속도를 낼 것 같아요.

· 시작하기 전에 눈썰매 길을 내면 어떨까요. 미리 눈썰매 타기를 몇 번하면, 눈이 다져져서 썰매길이 될 것 같아요.

· 모든 눈썰매에 대해 두 번씩 시험하는 건 어때요. 순서는 똑같이 해서요. 그렇게 하면 맨 처음 눈썰매가 가장 잘 다져진 썰매길을 달릴 수있겠지요.

· 모든 눈썰매를 세 번씩 시험해요.

자 그럼, 시작하기 전에 먼저 썰매길을 만들 겁니다. 만들어진 썰매길 위에서 모든 눈썰매를 시험하고, 두 차례 더 반복합니다. 시험할 때마다 눈썰매들의 순서는 같게 합니다.

데이터에 나타날 수 있는 잠재적인 문제는 무엇일까요? 앞에서 우리가 측정할 대상을 말할 때, 눈썰매 잘타기나 타는 사람의 차이가 아닌 눈썰매 자체의 차이에 관심을 가졌었죠. 그렇다면 시험을 할 때, 눈썰매 잘타기 정도는 어떻게 해야 똑같은 상태로 유지할 수 있을까요? 어떻게 해야 그 차이를 최소화할 수 있을까요?

· 동일한 사람이 모든 눈썰매 타기를 해야 합니다.

· 내가 해볼까?

· 누군가 한사람이 시간을 측정해야 합니다.

· 스톱워치를 사용해야 합니다.

· 시간 측정은 제가 하고 싶습니다.

· 모든 눈썰매 타기는 길이가 같아야 합니다. 따라서 출발점과 도착점이 일정해야 합니다.

· 출발점과 도착점에 막대기를 꽂아야 합니다.

· 그렇게 한다면, 스톱워치를 든 사람이 시계를 작동시키고 멈출 시점을 일게 될 것입니다.

· 언덕 꼭대기에 사람을 한 명 배치해 그가 "시작!"이라고 신호하게 해야 합니다. 그래야만 눈썰매 주자走者와 시간 측정자가 동시에 행동을

시작할 수 있습니다.

· 눈썰매 주자는 매번 같은 추진방식으로 눈썰매를 출발시켜야 합니다.

· 그리고 주자는 매번 같은 횟수의 추진동작을 해야 합니다.

· 저는 언제나 추진동작을 세 번 합니다.

그래서 우리는 모든 눈썰매 타기를 수행할 사람으로 한 명만 정할 거예요. 그 사람은 모든 눈썰매 타기를 할 때마다 정확히 같은 방식으로 추진동작을 하려고 할 거예요. 이 눈썰매 주자가 최대한의 일관성을 유지할 수 있도록, 추진동작을 세 번 하는 것으로 결정하겠어요. 출발점과 도착점에는 표지가 세워질 것이며, 스톱워치를 든 사람은 최대한 정확하게 매번의 달리기에 대해 시간을 측정할 거예요.

설사 소서-워크스가 가장 빠르다고 하더라도, 그 원인을 모델들 가운데 단지 한 가지로 돌리기는 어려울 것이다. 모델 1을 확인하기 위해서는, 바닥이 거칠어지게끔 소서-워크스 눈썰매의 구조가 바뀌어야만 할 것이다. 그렇게 하면 매끄러운 눈썰매와 거친 눈썰매 사이의 직접 비교가 가능해진다. 모델 2가 틀리다는 걸 증명하려면 가벼운 눈썰매에 짐을 더 실어서 눈썰매들의 무게를 표준화해야만 한다. 만약 모델 2가 옳다면, 형태와는 상관없이 무게가 같은 눈썰매들은 같은 속도를 내야 한다. 모델 2는 가장 무거운 눈썰매가 가장 느리리라고 예측한다. 모델 3은 다른 색깔의 소서-워크스 눈썰매들을 시험함으로써 제거할 수 있다.

단 한 차례 실험으로 모든 질문의 답을 찾을 수는 없다. 중요한 것은 문제를 세심하게 분석하는 것이다. 이런 형태의 연습을 통해 개발된 문제해결 problem-solving 기술은, 왜 어떤 눈썰매가 빠른가 하는 이유를 찾아내는 것만큼이나 중요하다. 때로는 결과를 이끄는 요인으로 한 가지 이상의 모델이 작용할 수도 있다. 소서-워크스 눈썰매는, 바닥이 가장 매끄러운데다 가장 가볍기 때문에 가장 빠를 수 있다.

모델이나 실험수행, 그리고 데이터와 관련해서 나타날 수 있는 잠재적 문제들을 예상해 보는 과정도 아주 중요하다. 이렇게 하면, 함정이 드러나기 전에 미리 우회하도록 실험의 설계를 바꿀 수도 있다. 어떤 문제들은 사전에 예측할 수 없는 것도 있다. 예를 들면, 어떤 눈썰매는 조종하기가 너무 어려워 주행코스를 유지할 수가 없는 것같은 경우다.

실험을 통해 시험하고자 하는 것에만 집중하고, 다른 조건들은 최대한 동일하게 만들어야 한다. "어떤 눈썰매가 언덕을 가장 빨리 내려가는가?" 이

지, "어느 아이가 눈썰매를 가장 잘 타는가? 혹은 어느 아이가 주행로를 가장
잘 고르는가?"가 아니다. 뒤에 이어지는 장에서 실험 대조군, 데이터 분석, 그
리고 발표 요령 등에 대해 설명할 때에도 이 눈썰매타기를 실험 예로 활용할
것이다.

4

실험에 대조군對照群을 사용하라

Control Your

Experiment

돌이 말한다

창이 열렸는지 어떻게 아는가?
창에 돌 하나를 던지기만 하면 된다.
소리가 나는가?
안 난다고?
그렇다면 그것은 열린 것이다.
이제 다른 것을 해보자.
쨍그랑!
안 열려 있었구면!

– 쉘 실버스타인

대조군은 필수다

실험은 특정한 질문에 답하기 위해 설계된다. 따라서 질문에 대한 답이 제대로 되었는지를 가리는 것이 중요하다. 실험 대조군은 과학적 결과를 보다 확실하게 해주며, 하나의 실험을 빈틈없는 논거로 바꾸어 결론을 도출하는 데 부족함이 없도록 해준다. 실험 대조군을 사용해야 과학적 방법은 논리적 근거와 영향력은 갖게 된다.

실험 대조군이란 무엇이며 그것은 왜 필요한가? 대조군은 결과를 입증하기 위해 실험에 포함되는 추가적인 샘플이나 시도이다. 그것은 데이터가 의미 있음을 확인시켜 주는 줄자이며 저울이다. 실험 대조군은 과학자의 가정을 시험하며, 시험 샘플들에 대해 가장 논리적인 비교를 제공한다. 과학자가 아닌 사람들은 이러한 샘플들을 '군더더기'라고 여길지 모른다. 과학자들에게는 대조군이야말로 답이 맞는지를 판정할 유일한 도구이기 때문에, 실험에 없어서는 안 되는 필수품이다. 실험에 대조군을 사용하라. 틀린 가정이 당신의 사고를 좌지우지하도록 내버려 두지 말라.

- 대조군은 실험을 통해 알아내고자 의도했던 바를 틀림없이 알아낼 수 있게 해준다.
- 대조군은 실험이 제대로 작동하고 있는지를 시험한다.
- 대조군은 실험 샘플들에 대해 적절한 비교 대상을 제공한다.
- 대조군은 답이 맞는지 틀린지를 보여 준다.

쉘 실버스타인의 시를 한번 보라. 창이 열려 있는지 시험하는 데 이 방법을 쓰기 위해서는 두 가지 결과 모두가 반드시 탐지되어야 한다. 소리가 나지 않는다는 것은 창이 열려 있음을 시사한다. 하지만 확실히 알기 위해서는 소리 나지 않음과 비교할 뭔가가 있어야 한다. 다른 소음이 유리 깨지는 소음을 덮어 버릴 수 있거나, 관찰자가 창으로부터 너무 멀리 떨어져 있어서 유리 깨지는 소리를 듣지 못할 수도 있다. 제대로 설계된 시험이라면 적어도 창 세개가 필요할 것이다. 돌 던지는 사람이 열려 있음을 알고 있는 창, 돌 던지는 사람이 닫혀 있음을 알고 있는 창, 그리고 돌 던지는 사람이 시험하고 있는 창이 그것이다. 돌 던지는 사람이 열린 창과 닫힌 창에서 어떤 소리가 날지를 알고 있다면, 그는 의미 있는 결과가 나오리라는 확신을 갖고 '열렸는지 닫혔는지 알려지지 않은' 창을 시험할 수 있다.[1]

음성 대조군과 양성 대조군

대조군에는 두 가지 형태가 있다. 음성 대조군과 양성 대조군이 그것이다. 음성 대조군과 양성 대조군은 실험설계의 서로 다른 측면들을 시험한다.

- 음성 대조군은 실험 결과를 비교해 볼 수 있는 배경이다. 열린 창에 돌을 던질 때 아무런 소리가 나지 않는가? 유리 깨지는 소리로 착각할 수 있는 거리의 소음이 있는가?
- 양성 대조군은 실험이 작동하고 있는지 시험한다. 닫힌 창에 돌이 던져질 때 유리 깨지는 소리가 들릴 수 있는가? 그 소리는 얼마만큼 큰가? 유리 깨지는 소리는 쉽게 식별되는가? 창은 깨졌는가?

음성 대조군과 양성 대조군은 데이터에서 예상되는 경계치를 표시한다. 음성 대조군은 효과가 절대로 나타나지 않을 조건 아래서 행해진 것이다. 이것은 통상 데이터의 아래쪽 경계치이다. 양성 대조군은 측정 가능한 효과를 보여 준다. 이것은 데이터의 위쪽 경계치이다. 실험 또는 시험 샘플들은 대체로 그 두 경계치 사이에 속한다.

음성 대조군은 모든 실험의 필수 구성물이다

음성 대조군은 실험결과를 비교해 볼 수 있는 배경이다. 다시 말해, 어떤 결과가 실험 때문에 생긴 것인지 아니면 원래부터 그런 것인지를 확인해 볼 수 있게 하는 것이 음성 대조군이다. 음성 대조군은 과학적 관찰이 실험과 무관한 임의적 발생이 아니라는 것을 담보한다. 작용에는 결과가 뒤따른다고 사람들은 자연스레 가정한다. 데이터가 실험 수행의 직접적인 결과라는 가정을 음성 대조군은 시험한다. 일부러 실패하도록 의도된 실험을 설계함으로써 어떤 실험에 대한 배경신호를 만들어 낼 수 있다. 대부분의 경우, 실험에서 중요한 요소 하나만 빼놓으면 실패한 실험 결과를 얻는다. 배경을 넘지 않는 실험 신호는 대부분 별 의미가 없기 때문에 음성 대조군이 사용되는 것이다.

아이들이 곱셈 배우는 것을 돕기 위해 설계된 새로운 수학 교육과정이 있다고 가정해 보자. 한 초등학교 3학년 그룹을 대상으로 학년 초에 곱셈 시험을 치른다. 그리고 그 학생들에게 새 수학 교육과정을 3학년 내내 가르치고 나서, 학년 말 다시 시험을 치른다. 여기에서, 학년 초에 아이들이 치르는 시험이 음성 대조군이다. 이 시험결과가 비교를 위한 배경이다. 즉 그 새로운 교육 방법을 적용하기 전에 아이들이 곱셈에 얼마나 숙달되어 있었느냐를 알려 준다. 이 음성 대조군을 얻기 위해 '빼놓았던 중요한 요소'는 새로운 교육과정의 적용이다. 그 시험은 복잡한 곱셈 능력을 알아보기 위해 설계되었으며, 학년 초에는 학생들이 시험에 통과할 능력이 없다는 것을 전제로 했다. 이 음성 대조군은 새 교육과정이 효과적이라는 가정을 시험한다. 만약 대부분의 학생들이 학년 초 시험에서 우수한 성적을 올릴 수 있었다면, 학년 말에 얻은 점수는 새 교육과정의 효과에 관해 어떠한 유용한 정보도 제공하지 못한다.

실험에서는 **종종** 여러 개의 음성 대조군이 요구되므로, 아이들이 설계할 수 있는 통제요소들을 되도록 많이 포함시켜라. 각 요소들을 하나씩 빼놓으면서, 각 통제요소에 대한 음성 대조군을 만들어 나갈 수 있다. 음성 대조군을 만들어나가는 과정은, 아이들이 그들의 실험 체계에 필요한 모든 요소의 기능을 검토하는 데 필요한 논리를 연습해 보는 과정이기도 하다.[2]

양성 대조군이란 무엇이며 그것은 왜 유용한가?

양성 대조군은 실험 체계를 시험하여, 그것이 작동할지 안 할지 판정한다. 양성 대조군을 실험방법에 대한 품질관리라고 생각하라. 양성 대조군은 매우 잘 작동하게끔 의도된 샘플들이다. 만약 작동을 안 하면 어떻게 되는가? 양성 대조군의 실패는 대개 잘못 설계된 실험 때문에 생긴다. 양성 대조군은 실험샘플의 실패 이유를 설명해 주기 때문에 유용하다. 일부 경우들에 있어, 실험이 실패하는 것은 실험 구상이 올바르지 않아서가 아니라 기술적인 결함 때문이다. 양성 대조군은 실험을 바로잡는 데 도움을 준다. 양성 대조군을 사용한다는 것은 실험이 질문에 대한 적절한 답을 제공할 때까지, 성공적이지 않은 실험은 다시 시도하고 개선하겠다는 의지를 뜻한다.

정교하게 만들어진 양성 대조군은 실수가 어디서 발생하는지 끄집어 내는 데 도움을 준다. 앞의 수학시험으로 되돌아가 보자. 곱셈에 대한 사전지식이 필요하지 않은 수학문제 몇 개가 양성 대조군이 될 수 있다. 이 대조군은 시험의 조건을 관찰하는 것이다. 학생들의 독해 수준은 질문을 이해할 수 있는 정도인가? 학생들의 연필은 답을 적기에 충분할 만큼 잘 깎여 있었는가? 학생들은 시험에 임해 충분히 긴장하여 집중하고 있으며 잘 치러야겠다는 자세가 되어 있었는가? 만약 학생들이 덧셈과 뺄셈 문제를 풀 능력이 없다면, 그들이 더 어려운 문제를 풀지 못한 것이 어떤 이유 때문인지를 파악하기가 쉽지 않을 것이다. 양성 대조군이 실패하면, 개선된 내용으로 실험(또는 수학시험)을 다시 수행해야 할 수도 있다.

양성 대조군으로 지정되는 추가 사항들이 절대적으로 중요한 것은 아니다. 데이터를 생산할 정도로 실험이 충분히 잘 작동할 때에는, 시험 샘플들 자체로도 양성 대조군이 될 수 있다. 다만, 실험이 잘 작동하지 않을 때 포함시킨 양성 대조군들이 중요성을 갖는다. 최대한 많은 실험요소들에 대해 양성 대조군을 설계하는 것이 발생한 문제들을 더 효과적으로 해결할 수 있게 해준다. 예를 들어, 수학 시험지의 윗부분에 이름을 제대로 써 놓았다면, 그 학생의 연필심에는 별 문제가 없다고 판단할 수 있다. 만약 곱셈이 아닌 단순한 문제조차 풀지 못했다면, 그 학생에게는 독해력이나 집중력에 문제가 있다고 판단할 수 있다.

자주 하는 실험에 대조군 추가하기

초등학생들이 자주 하는 실험 가운데 다음 세 가지가 있다:
(1)식초와 베이킹 소다 (2)건전지와 전구 (3)콩 싹틔우기.
안타깝게도 이들 실험에서 대조군을 쓰는 일은 좀체 없다.
이들 실험의 대조군은 무엇인가?

오렌지주스, 우유, 사과주스가 산성인지 아닌지 알아
보기 위한 실험이 설계되었다. 베이킹 소다(중탄산나트륨)
가 식초(아세트산) 같은 산성 물질과 섞이면 기체(이산화탄
소)가 생기며, 그 혼합물에서는 왕성하게 거품이 인다. 만
약 그러한 화학 반응이 병 속에서 진행된다면, 결과물인 기
체로 병 주둥이에 씌워 놓은 풍선을 부풀릴 수 있을 것이
다. 초등학교 2학년 교실에서 행해지는 실험을 통해 학생
들은 베이킹 소다가 오렌지주스, 우유, 사과주스와 섞일 때
기체가 생기는지 알아본다. 이 실험의 음성 대조군은 물을 베이킹 소다와 섞
거나, 식초를 물과 섞는 것이다. 이들 반응에서는 기체가 극소량만 생기거나
전혀 생기지 않아야 한다. 양성 대조군은 식초와 베이킹 소다를 섞는 것이다.
그러면 그 혼합물에서는 거품이 일며, 예상대로 풍선은 부풀어 오른다. 실험
샘플들은 오렌지주스, 우유, 또는 사과주스를 베이킹 소다와 섞는 것이다. 이
들 액체가 베이킹 소다와 반응하여 생기는 기체의 양은 양성 대조군과 음성
대조군에 의해 정해지는 범위 이내이어야 한다.

이런 것이 왜 필요한가? 만약 화학반응에 쓰이는 병
이 이미 어떤 산성 물질(앞선 실험에서 사용했던 식초, 또
는 원래 이 병에 담겼던 콜라)에 오염되어 있다면, 거품 반
응은 실험을 할 때마다 일어날 것이다. 만약 음성 대조군
(물+베이킹 소다)이 생략되었다면, 실험은 시험용 액체가
모두 산성이라는 추론을 내놓을 것이기 때문에 그릇된 결
론이 도출될 것이다. 베이킹 소다 대신 우연히 옥수수 녹말
이 사용되었다면 어떻게 되었을까? 그 두 가지 분말은 모
양, 냄새, 질감이 비슷하다. 하지만 옥수수 녹말이 산성 액

체와 섞이면 기체가 발생하지 않는다. 만약 양성 대조군(식초+베이킹 소다)이 포함되지 않았다면, 그 실험은 오렌지주스가 산성이 아니라고 결론 내렸을 것이다. 이 역시 틀리다.

실험자들은 그들의 가정과 그들의 실험체계를 시험했다. 그들은 거품반응에는 두 가지 물질, 즉 산성액체와 베이킹 소다가 필요함을 입증했다. 학생들은 필수 구성물 두 가지가 모두 존재할 때에만 예상결과가 관찰된다는 것을 스스로에게 확신시켰다. 실험자들은 따라서, 오렌지주스는 산성이며 우유와 사과주스는 산성이 아니라고 결론지을 수 있다.

25와트짜리 전구를 밝히려면 C형 건전지 몇 개가 필요한가를 알아보기 위해 학급실험 하나가 설계되었다. 이 실험에 적절한 대조군은 무엇인가? 양성 대조군은 C형 건전지로 꼬마전구 하나를 밝히는 것이다. 이 꼬마전구를 켜는 데에는 건전지 한 개만 필요하기 때문에, 이 양성 대조군은 각각의 건전지 상태가 양호한지, 전선이 정확하게 연결되어 있는지 시험한다. 꼬마전구 또한 손전등에 꽂아보는 등의 방법으로 제대로 작동하는지 사전에 시험해 볼 수 있다. 음성 대조군은 전구, 건전지, 또는 전선을 생략하거나, 건전지와 전구의 전극電極에 전선을 접속하지 않는 것이다. 우리가 전등 빛과 친숙하기 때문에 음성 대조군은 사소해 보일 수도 있다. 하지만 네 가지 음성 대조군은, 실험체계에서 각각의 구성물들에게 요구되는 사항들을 학생들이 확실히 알 수 있게 해준다. 전구를 켜는 데에는 건전지, 전선, 전구, 전기적 접속 등 네 가지가 필요충분 조건이라는 것을 확인할 수 있다. 후속 실험들에서 학생들은 더 큰 25와트 짜리 전구를 켜려면 건전지가 몇 개 필요할지 조사해 볼 수 있다.

초등학교 1학년 학급에서는 콩 묘목을 모래, 부엽토(forest loam−숲 바닥에 형성된 비옥한 토양), 그리고 배양토에 심을 때 언제 더 빨리 자라는지 알고 싶어한다. 이 실험에서 학생들은 어떤 대조군을 사용해야 하나? 음성 대조군 하나는 흙이라는 요소를 빼고 젖은 종이수건 위에서 씨앗을 발아시키는 것이다. 식물은 광합성을 통해 그들 자신의 에너지를 만들어 내기 때문에 흙이 없는 곳에서도 자랄 수는 있다. 그러나 흙이 제공하는 무기질과 구조적인 안정성의 결핍으로 인한 결과는 서서히 드러나게 될 것이다.[3] 또 다른 음성 대조군은 콩이라는 요소를

빼는 것이다. 부엽토에는 잡초 씨앗들이 많아 이들이 발아할 때 콩 싹과 비슷하게 보일 수도 있다. 양성 대조군은 마트에서 파는 배양토이다. 콩 씨앗의 상태가 양호하고 물과 햇빛이 충분하다면 배양토에서는 콩 묘목이 튼튼하게 자라날 것이기 때문이다. 실험 샘플은 부엽토 또는 모래에 심은 콩이다. 이들 시험 토양에 심은 콩 씨앗의 성장은 양성 대조군과 음성 대조군에 의해 얻어지는 범위 안에 들어올 것으로 예상된다. (이 실험의 결과는 6장과 부록 2에 나타나 있다.)

아이들의 실험에서 양성 대조군과 음성 대조군 사용하기

아이들의 과학에서는 실험 대조군의 사용이 종종 간과되는데, 이런 생략은 실험의 논리적 틀을 훼손한다. 아이들은 실험 대조군을 이해할 능력이 있다. 아이들은 논리와 규칙을 이해하며, 자연스럽게 비교를 한다. 실험 대조군을 포함시키면 실험이 더 논리적이 된다. 왜냐하면 대조군은 실험샘플에 대해 적절한 비교를 제공하기 때문이다. 대조군을 곁들인 실험 설계는 데이터 분석을 단순화하고, 논리를 가르치며, 결론을 위한 논거를 강화시킨다.

대조군을 사용한 실험 사례 다섯 건이 이 장章의 뒷부분에 소개되어 있다. 각각의 사례에서, 관찰된 결과가 실험 수행에 의해 나타난 것이라는 가설을 시험하기 위해 음성 대조군이 사용된다. 실험이 작동되고 있다는 것을 확인하기 위해서는 양성 대조군이 사용되었다.

3장과 7장에 소개된, 사과가 갈색으로 변하는 실험은 대조군을 사용해야 할 필요성을 극명하게 보여 준다. 이 실험에서 아이들은 사과조각들이 갈색으로 변하는 현상을 차단할 방법을 궁리해 보라는 요청을 받는다. 각각의 시험에 대한 양성 대조군은 방금 잘라낸 사과조각들이다. 밝은 노란색 사과조각들은 사과의 원래 색깔을 보여 준다. 그것들은 데이터의 최상위 경계치, 즉 갈색으로 변하는 현상이 전혀 없음을 나타낸다. 각각의 실험에 대한 음성 대조군은, 시험에 적용할 사과조각들과 동시에 잘라서 아무런 처리도 하지 않은 채 두었던 사과조각들이다. 이 짙게 변색된 사과조각들은 데이터의 최하위 경계치, 즉 갈색으로 가장 많이 변한 것이다. 데이터를 모을 때, 학생들은 다양하게 처리를 수행한 사과조각들을 전혀 처리하지 않았던 사과조각 및 방금 자른 사과조각들과 비교했다. 대조군들은 아이들에게 실험 샘플을 평가하는 기준을 제공했다.

대조군이 없는 상황이었더라면, 그 데이터들은 상호비교의 근거가 희박한 크림색, 황갈색, 갈색 사과조각들만 보여 주는 데 그쳤을 것이다. 실험 수행된 사과조각들을 단순 비교하는 것은 두 가지 문제를 일으킨다. 첫째, 갈색화 반응은 시간 의존적이기 때문에, 가장 일찍 실험 대상이 된 사과조각들이 가장 짙은 갈색으로 변했을 수 있다. 둘째, 이 방법은 갈색화를 완전히 방지한다든가, 저 방법은 갈색화에 아무런 영향을 미치지 않는다든가 하는 식으로 보여 주지는 못할 것이다. 대조군들은 데이터 분석을 위한 틀을 제공했다.

눈썰매타기 실험을 위한 음성 대조군과 양성 대조군은 무엇인가? 음성 대조군 하나는 눈썰매 없이 언덕을 미끄러져 내려가는 것이다. 실험에 적용된 썰매길에서 눈썰매 없이 바지를 썰매삼아 내려가던 아이는 언덕을 불과 몇 인치 미끄러져 내려가다가 멈추었는데, 언덕을 완전히 내려가자면 눈썰매가 필요하다는 것을 분명히 보여 주는 것이었다. 또 다른 음성 대조군은 눈썰매에 사람이 타지 않는 것이다. 그 언덕은 꼭대기 부분이 비교적 평평했다. 그래서 눈썰매 혼자서는 움직일 수 없으니 언덕 아래로 미끄러져 내려갈 수 없었다. 세 번째 음성 대조군은, 눈썰매가 달릴 썰매길을 내기 전에 아이를 태운 눈썰매를 언덕 아래까지 내려가게 하고서 그 속도를 측정하는 것이다. 다져지지 않은 눈이어서 눈썰매는 언덕 아래 바닥까지는 내려가지 않아, 아이가 내려밀고 가야 했다. 각각의 음성 대조군은 실험의 필수적 구성물인 눈썰매, 탑승자, 또는 다져진 썰매길을 하나씩 빼놓은 것이다.

눈썰매타기 실험을 위한 양성 대조군은 올림픽경기에서 쓰이는 터바건 tobaggon이나 실험용 눈썰매가 될 수 있다. 한편, 모든 눈썰매는 어느 정도의 속도를 낼 수 있어야 정해진 구간을 완주할 수 있다는 것을 우리는 경험으로부터 알고 있다. 눈이 너무 적게 쌓이고 군데군데 패어 있어 눈썰매가 언덕 아래까지 도달할 수 없다면 눈이 충분히 많이 쌓였을 때 다시 해야 한다.

다음에 소개하는, 대조군들을 갖춘 '플라스틱 상자 실험'은 일곱 살 난 내 아들에 의해 설계되고 수행되었다. 우리 집에는 벽돌 크기만한, 서로 끼울 수 있는 플라스틱 블록이 150개쯤 있다. 블록에는 뚜껑이 달려 여닫을 수 있게 되어 있어서 블록들을 상자로 쓸 수도 있다. 작은 장난감들이 그 상자 속에 들어 가 있는 것을 모르고 한동안 지낼 때도 있다. 어느 날 우리는 잃어버린 비니베이비 인형이 상자들 가운데 어디엔가 들어 있을지 모른다고 추측했다. 문제는 상자를 전부 열어보지 않고서 어느 상자에 인형이 들어 있는지 알아낼 수 있느냐 하는 것이었다. 이런 질문을 할 수 있다. "상자를 흔들어 보기만 해서, 그 속에 비니베이비 인형이 들어 있는지 알아낼 수 있을까?" 아들은 먼저 빈 상자 하나를 흔들어 보았다. 이것은 음성 대조군이었다. 다음으로 그는 다른 비니베이비 인형 하나를 상자에 넣고 뚜껑을 닫은 다음 흔들어서 비어 있지 않은 상자의 소리와 느낌을 경험했다. 이것은 양성 대조군이었다. 남은 상자들은 실험 샘플이었다. 안타깝게도 그 실험으로 잃어버린 인형을 찾아내지는 못했다. (그 인형은 그로부터 몇 주 뒤 쌍안경 상자 속에서 발견되었다.)

　레몬주스(시트르산)를 사용해 동전의 녹(산화동)을 제거하는 것은 아이들을 위한 과학 과제로 자주 제안된다. 동전이 반짝반짝해지기까지 얼마나 오랫동안 레몬주스 속에 담가 놓아야 하는지를 결정할 실험 한 가지가 설계되었다. 이 실험의 잠재적인 문제들을 생각해 보고, 대조군의 적절한 사용이 이러한 어려움을 어떻게 극복할 수 있는지 검토해 보자. 동전은 레몬주스 속에 담가 놓으면 반짝반짝해진다. 실험자들은 얼마나 반짝반짝해졌는지 알아낼 수 있을까? 새 동전의 표면은 크게 달라지지 않는다. 반면 헌 동전은 몰라보게 깨끗해진다. 그런데 실험자들은 실험 전에 그 동전이 얼마나 더러웠는지 기억할 수 있을까? 양성 대조군과 음성 대조군이 동일한 동전에 표시될 수 있도록 실험이 수행될 수 있다. 녹슨 동전 한복판에 레몬주스 한 방울을 떨어뜨리고 몇 분간 기다린 다음 주스를 닦아 내면 산酸처리의 효과가 뚜렷이 눈에 드러난다. 음성 대조군(처리되지 않은 동전 가장 자리)이 양성 대조군(레몬주스가 떨어진 지점)과 직접 비교될 수 있다. 녹이 얼마나 제거되었는지 분명히 알 수 있다. 녹을 제거하는 데 시간이 얼마나 걸리는지 알아보기 위해서는 여러 개의 동전 위에 레몬주스 방울을 떨어뜨려 놓고, 시간차를 두면서 차례로 씻어 보면 될 것이다.

　아이들은 제품 시험 실험을 좋아하는 것 같다. 그것은 아마도 아이들이 텔레비전 광고에 친숙하기 때문인 것 같다. 여기서 한 가지 주의할 것이 있다. 이런 식의 실험은 종종 경제적 분석이 된다는 사실이다. 아이들은 어느 제품이 가장 가치가 있는지 판정히는데, 그러다 보면 그 과정 뒤에 숨은 과학적 현상이 무시될 수 있다. 이어지는 사례에서는 두 세제의 효능이 비교된다. 그 다음 실험에서는 세제가 빨래에서 때를 어떻게 제거하는지 조사한다.

한 과학교사가 성능 좋은 세제 한 종류(A상표)를 갖고 있다. 그런데 그녀는 백화점으로부터 다른 종류의 세제(B상표) 무료 샘플을 우편으로 받았다. B는 값이 싸다. 그녀는 B가 A만큼 세탁이 잘 되는지 알고 싶다. 이 실험을 하기 위해 과학교사에게는 세제 두 종류, 세탁기, 새 흰 양말 네 짝, 어린아이 둘, 그리고 흙탕물이 필요하다. 아마 당신은 어린아이들, 양말, 흙탕물의 역할을 짐작했을 것이다. 실험을 계속하기 전에 과학교사는 양말의 더러운 정도가 균일하다는 것을 확인한다.

과학교사는 A세제로 양말 한 짝을 빤다. A가 옷을 깨끗하게 한다는 것을 그녀가 알고 있기 때문에 이것은 양성 대조군이다. 실험 샘플로서, 과학교사는 다른 양말 한 짝을 B로 빤다. 그녀는 B가 A만큼 또는 A보다 더 깨끗하게 하는지 시험 중이다. 음성 대조군으로서, 과학교사는 양말 한 짝을 빨지 않고 둔다. 이 대조군은 이들 양말이 얼마나 더러웠던지에 대한 영구적인 기록을 제공한다. 그냥 두었던 양말 한 짝을 가지고 과학교사는 또 하나의 음성 대조군을 마련하기로 한다. 양말 한 짝을 세제를 쓰지 않고 세탁하는 것이다. 이 대조군은 양말을 그냥 세탁기에 넣어 돌리고선 얼마나 깨끗해지는지 보는 것이다. 이 양말은 A와 B로 세탁한 것과 마찬가지로 깨끗해 질 수도 있다. 그 실험은 비용 대비 편익便益 분석이므로 이것은 잠재적으로 중요한 정보이다.

물의 온도, 세제의 양, 세탁조건과 같은 변수들은 매번 같아야 한다. 어느 세제가 가장 우수한지에 대해 명확한 답을 얻으려면, 각 그룹마다 여러 개의 양말을 시험해야 한다. 추가적인 양성 대조군은 세탁한 양말을 사용하지 않은 새 양말과 대조하는 것이 될 것이다. 이 대조군은 어떤 방법이 양말을 완벽하게 깨끗이 하느냐를 시험한다.

세제는 어떻게 빨래에서 때를 제거하는가? 시중에서 파는 세제에는 '표백제, 붕사硼砂, 형광제', '효소', '표백 대용제', 그리고 세탁을 돕는 다른 화학물질이 함유되어 있다. 이 실험의 목적상 우리는 단지 세제의 기능만을 고려한다.

액체는 두 부류, 즉 수성水性과 유성油性으로 나눌 수 있다. 물과 기름을 섞어 아무리 세게 흔든다고 할지라도 그 두 가지는 분리되며, 기름은 언제나 물 위에 뜬다. 이러한 분리현상은 비네그레트 샐러드 드레싱vinaigrette salad dressing을 만들 때 종종 관찰된다. 왜냐하면 식초는 '수성' 액체로서 샐러드 오일과 섞이지 않기 때문이다. 때를 만드는 화학물질은 대개 '유성' 화합물이

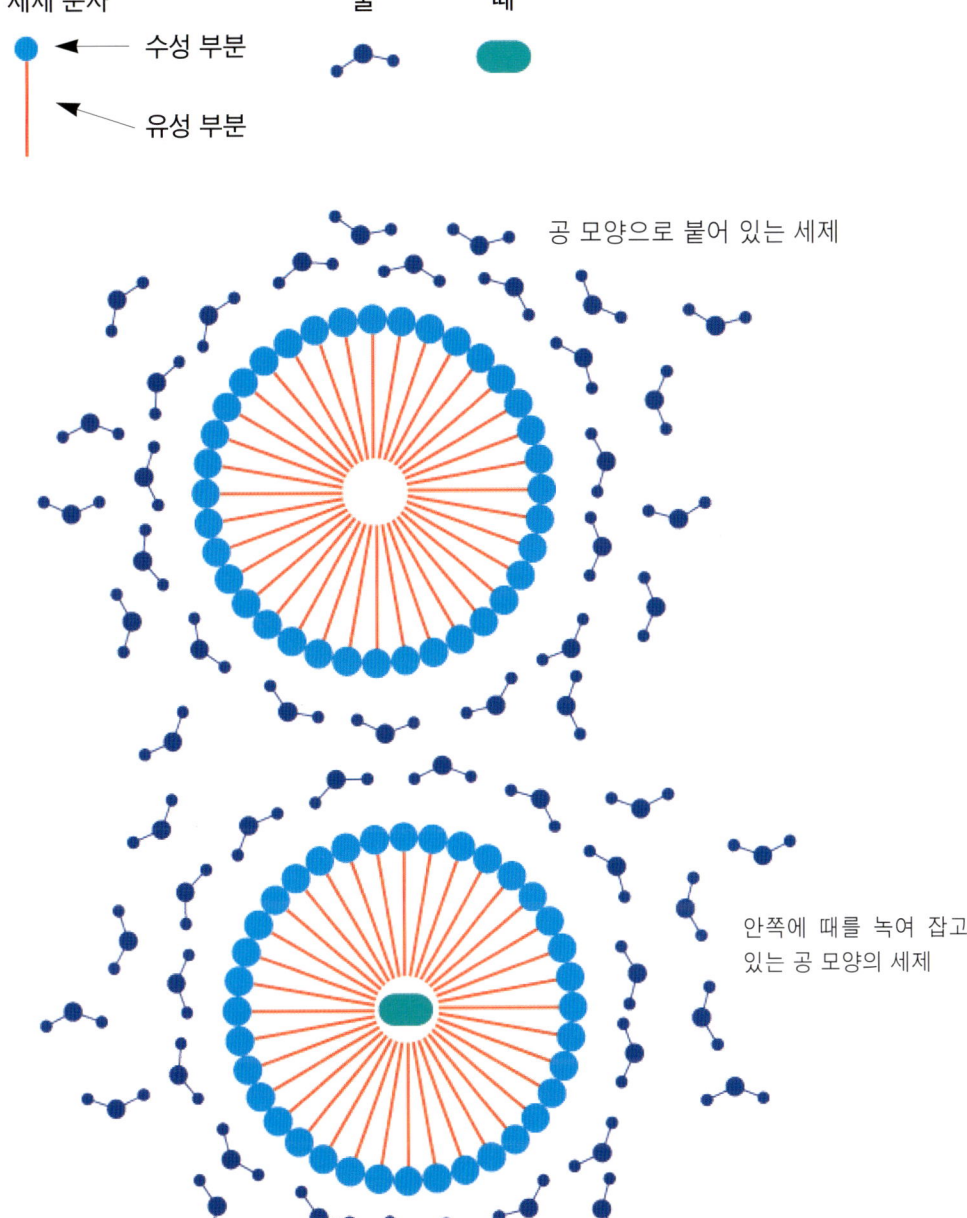

세제 분자　　　물　　때

수성 부분

유성 부분

공 모양으로 붙어 있는 세제

안쪽에 때를 녹여 잡고
있는 공 모양의 세제

그림 4.1. 세제가 작용하는 원리. 세제는 때를 만드는 물질을 물에 잘 녹을 수 있도록 만들어서 제거한다. 하나하나의 세제 분자 양쪽 끝부분은 서로 반대의 성질을 가지고 있는데, 한쪽은 물에 잘 붙는 수성부분이고 다른 쪽은 기름에 잘 붙은 유성부분이다. 세제가 물에 녹으면 세제 분자들이 공 모양으로 배열하게 되는데, 수성 부분들은 바깥쪽을 향하고 유성 부분들은 공의 중앙부분으로 모인다. 따라서 기름 성질을 가진 때는, 세제가 물에 녹을 때 세제분자의 유성 부분에 붙잡힌 상태로 공의 안쪽에 갇혀 있게 된다. 공의 바깥쪽은 물에 잘 결합하는 수성부분들만 있기 때문에 물에 잘 섞여 씻겨 나갈 수 있다.

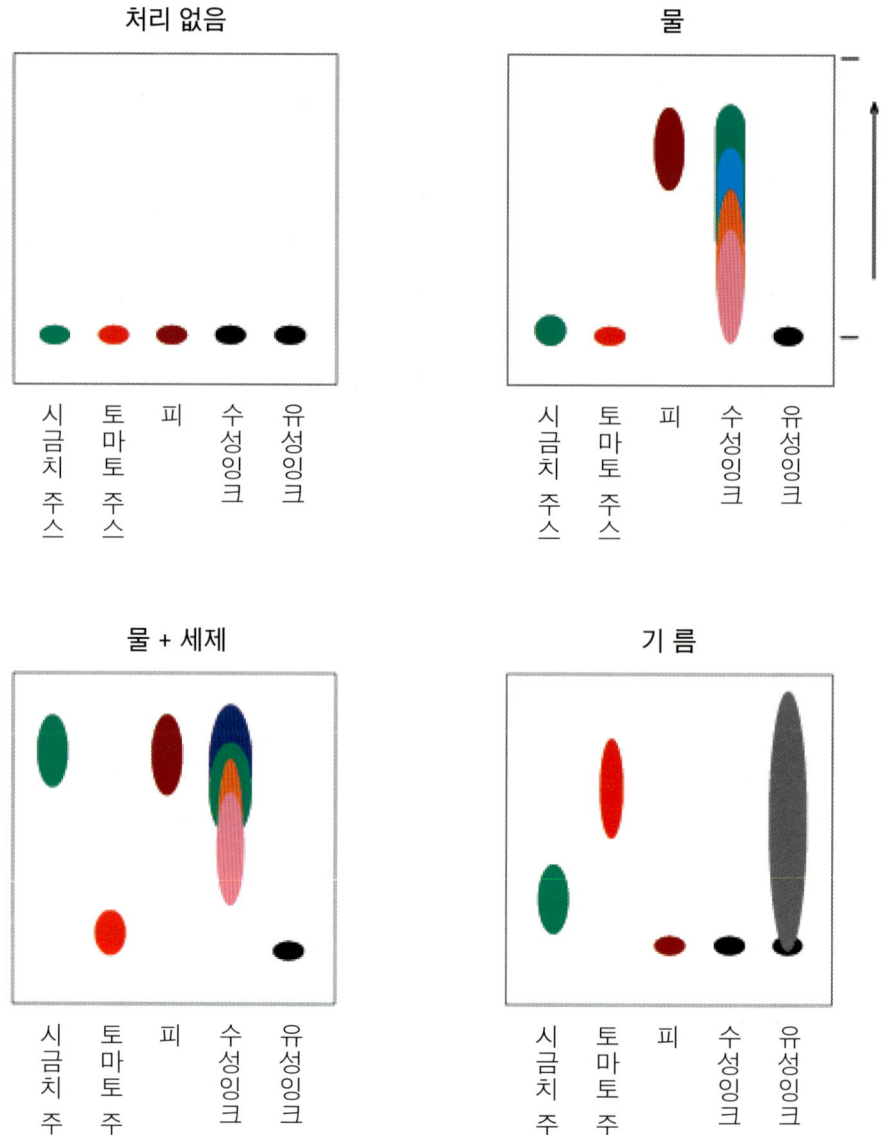

그림 4.2. 때 용해도 실험. 수성잉크는 물과 물+세제에서 녹는다. 유성잉크는 기름에서만 녹는다. 피는 물과 물+세제에서 녹는다. 풀물(시금치주스)은 물+세제에서 녹는다. 토마토주스는 물+세제에서 약간 녹고, 기름에서는 잘 녹는다.

다. 엽록소(풀물), 헤모글로빈(피), 리코펜(토마토주스)은 물에서 쉽사리 녹지 않는다. 그래서 맹물로는 빨래에 묻은 이들 화학물질을 제거할 수 없다.

세제는 특별한 종류의 화합물이다. 왜냐하면 그것에는 수성액체와 유성 액체의 특징이 둘 다 있기 때문이다. 세제 분자의 한쪽 끝은 물에 잘 결합하는 수성인 반면 다른 쪽 끝은 기름에 잘 붙는 유성이다. 세제가 물에 녹으면 세제 분자들이 공 모양으로 배열하게 되는데, 수성 부분들은 바깥쪽을 향하고 유성 부분들은 공의 중앙부분으로 모인다. 따라서 기름 성질을 가진 때는, 세제가 물에 녹을 때 세제분자의 유성 부분에 붙잡힌 상태로 공의 안쪽에 갇혀 있게 된다. 공의 바깥쪽은 물에 잘 결합하는 수성 부분들만 있기 때문에 물에 잘 섞여 씻겨 나갈 수 있다.**그림 4.1 참조**

세제는 어떻게 빨래에서 때를 제거하는가? 연구 결과 다음과 같은 모델을 만들었다: 세제는 기름 성질을 가진 때에 작용하여 물속 용해도를 높임으로써 때를 제거한다. 여기서 질문은 이렇게 다듬어질 수 있다: "세제를 첨가함으로써 우리는 때를 만드는 물질의 물속 용해도를 높일 수 있는가?" 이 질문에 답하기 위한 실험이 이제 기획될 수 있다.

하얀 커피 필터를 잘라 크기가 같은 네모 종이 넉 장을 만든다. 이들 네모 난 필터 종이의 가장자리에 볼펜으로 각각 '처리 없음', '물', '물+세제', '기름'이라고 적어 넣는다. 그런 다음 종이 아래쪽 가장자리로부터 1.5센티미터 떨어진 지점에 소량의 (1)시금치주스 (2)토마토주스 (3)포장육에서 얻은 피 (4)검은색 수성잉크(화이트보드에 사용하는 마커를 이용) (5)검은색 유성잉크(네임펜이나 매직을 이용)를 떨어뜨린다.**그림 4.2 참조** 바닥이 평평한 그릇 두 개에 물을 약간 붓고, 세 번째 그릇에는 식용유를 붓는다. 물을 담은 그릇 한 곳에 세제를 조금 넣고 젓는다. 네모로 자른 필터 종이 석 장을 그릇 하나에 한 장씩 넣어 그릇 가장자리를 지지대로 삼아 서 있도록 만든다. 종이 표면의 얼룩 부분이 물이나 기름에 잠기게 해서는 안 된다. '처리 없음'이라고 적은 종이는 그냥 마른 채로 놓아둔다. 액체는 종이의 꼭대기까지 올라가면서 얼룩을 통과한다. 만약 그 얼룩이 액체 속에서 녹는 것이라면, 그 얼룩은 액체와 함께 필터 종이 윗부분으로 이동한다. 물은 세제가 있건 없건 몇 분 만에 필터의 꼭대기까지 이동한다. 하지만 기름이 필터의 꼭대기까지 움직이는 데에는 몇 시간이 걸릴 수도 있다.

음성 대조군 하나는 '치리 없옴'이라고 적힌 필터이다. 액체가 없는 상태에서는 당연히 어떤 얼룩도 이동하지 않는다. 따라서 이 필터는 얼룩들의 원래 위치, 색, 강도, 크기를 그대로 보여 준다. 두 번째 음성 대조군은 '물'이라고 적힌 필터에 있는 유성잉크 얼룩이다. 유성잉크는 물에 녹지 않는다. 따라서 이 잉크 얼룩은 물이 필터를 타고 올라가더라도 변하지 않는다. '물'이라고 적힌 필터에 만든 얼룩들은 '물+세제'라고 적힌 필터에 만든 얼룩들에 대해 음성 대조군이다. 실험 후에 두 필터 간에 나타난 차이점들은 모두 세제의 존재 때문이라고 보아야 한다. 양성 대조군은 '물'이라고 적힌 필터의 검은색 수성잉크에 의해 생긴 얼룩이다. 물이 필터를 따라 끌어올려지면서 그 검은색 수성잉크는 그 구성 색들로 분리된다.

실험샘플들에 무슨 일이 발생했는가? 시금치주스 얼룩은 맹물에 의해서는 이동하지 않았지만 세제가 첨가된 물에 의해서 움직여서, 엽록소가 세제에 잘 녹는다는 것을 보여 주었다. 이 샘플은, 풀물에서 발견되는 유성 엽록소는 세제를 사용하면 제거되지만 맹물로는 제거되지 않음을 보여 준다. 시금치 얼룩은 기름에서 약간 녹았다. 토마토주스 얼룩은 물에서 녹지 않았고, 물+세제에서는 약간 녹았으며, 기름에서는 잘 녹았다. 옷에 묻은 토마토주스를 비누와 물로 빠는 데 실패하는 경우가 많다. 피 얼룩은 물, 그리고 물+세제 두 경우 모두에서 필터를 따라 끌어올려졌다. 그것은 기름 속에서는 움직이지 않음으로써, 헤모글로빈에는 '유성' 때의 성격이 내가 이전에 생각했던 것보다 덜하다는 것을 여실히 보여 주었다. 수성잉크는 물과 물+세제 두 경우 모두에서 그 구성 색들로 분리되었지만, 그 색채 패턴은 세제가 첨가되었을 때 변했다. 수성잉크는 기름에서는 녹지 않았다. 유성잉크는 오직 기름에서만 녹았는데, 구성 색들로 분리되지는 않았다.

많은 기름때는 물에 잘 녹지 않는다. 그래서 옷에 묻은 이런 때를 맹물로 씻어내기는 어렵다. 사람들이 세탁기에 식용유를 쓰지 않고 대신 세제를 쓰는 데에는 많은 이유가 있다. 때는 세제 분자들이 형성한 공 모양에서 중심인 유성부분에 녹아 붙고, 수용성인 세제 공 바깥쪽은 물에 잘 섞여 씻겨 나가도록 해 준다. 세제는 커피 필터에 대해 그랬던 것처럼 옷에 묻은 기름때를 들어낸다.

양성 대조군과 음성 대조군을 스스로 설계해 보자

대조군을 사용하는 실험을 설계할 때 양성 대조군과 음성 대조군의 정의를 꼭 기억해 두기 바란다. 음성 대조군은 실험 결과를 비교해 볼 수 있는 배경이다. 일부러 실패한 실험 결과를 만들어 내라. 실험 수행에 필수적인 요소를 생략하면 실패가 확실해진다. 과학적 논거를 만들어 내는 데에는, 음성 대조군이 양성 대조군보다 더 중요하다. 나타난 결과가 실험수행에 의한 것이라는 증거는 음성 대조군이 제공해 주기 때문이다. 양성 대조군은 실험이 제대로 작동하는지를 시험한다. 원하는 효과를 확실히 보여 주는 대조군을 만들면 된다. 질문이 무엇을 묻고 있는지에 대해 생각하고, 결론을 뚜렷하게 할 통제 요소들을 찾아내 보라. 데이터가 어떻게 분석될지를 고려하고, 실험효과가 확연하게 드러난 비교대상을 실험설계에 포함시켜라.

　　　아래 퀴즈에는 과학 실험 네 건이 등장한다. 각각의 실험에 대해 음성 대조군과 양성 대조군을 생각해 낼 수 있겠는가? (답은 이 장의 끝 부분에 있다. 충분히 궁리하기 전에 답부터 보지 말기 바란다.)

실험 1: 동료를 따라 줄지어 이동하는 개미들은 자신이 어디로 가는지 어떻게 아는가?

개미는 먹이를 발견하면 자신의 집으로부터 먹이가 있는 곳까지 페로몬을 분비해 길을 낸다. 그래야만 다른 개미들이 그 먹이를 찾을 수 있기 때문이다. 종이에 작은 사과조각을 얹어 그것을 개미 길 근처에 놓는다. "개미들은 하나씩 사과조각을 향해 행진한다." 사과조각을 종이 위 다른 장소로 옮기면, 개미들은 원래의 장소를 먼저 들른 다음 새로 옮긴 장소로 가는 것을 실험자들이 관찰한다.

　　음성 대조군_____

　　양성 대조군_____

실험 2: 치약이나 콜라처럼 흔한 가정용 '화학물질'이 산성인지 염기성인지 어떻게 구분할 수 있는가?

산/염기 지시약은 붉은 양배추를 푹 삶아 그것을 체에 걸러서 만들 수 있다. 이렇게 하면 보라색 액체가 나오는데 이것이 산/염기 지시약으로 쓰일 수 있다. 왜냐하면 그 액체는 산과 섞이면 분홍색으로, 염기와 섞이면 녹색으로 변하며, 중성 물질과 섞이면 보라색 그대로 있기 때문이다. 초등 4학년 교실에서 그들의 지시약을 사용해 치약, 콜라, 아스피린, 차茶가 산성인지 염기성인지 알아보려 한다.(힌트: 이 실험에는 한 가지 이상의 양성 대조군이 필요하다.)

음성 대조군 _____

양성 대조군 _____

실험 3: 나침반은 어떻게 작동하는가?

지구 자기장은 다른 자석들을 끌어당긴다. 나침반에 달려 있는 자석 바늘처럼 어떤 자석이 자유롭게 회전할 수 있다면, 그 자석은 지구 자기장에 끌려 북-남 방향을 가리킨다. 바늘에 자성을 띠게 하려면 바늘을 강한 자석에다 대고 30번 가량 문지르면 된다. 바늘귀 부분을 쥔 다음 자석의 한쪽 끝에다 대고 계속 같은 방향으로 문지른다. 그런 다음 그릇 속의 물 위에 종이 조각을 띄우고 그 위에 바늘 자석을 올려놓는다. 바늘이 움직이기를 멈추면, 그 방향이 북-남이다.

음성 대조군 _____

양성 대조군 _____

실험 4: 식물에 물을 주면 그 물은 어떻게 흙을 지나 식물 속으로 들어가는가?

흔하게 볼 수 있는 어린이용 과학책에는, 식물이 줄기를 통해 물을 빨아들여 잎으로 전달하는 과정이 그려져 있다. 셀러리 줄기 밑부분을 반으로 쪼갠 다음 한쪽 끝은 푸른 색소를 푼 물에, 다른 쪽 끝은 붉은 색소를 푼 물에 각각 담근다. 그런 다음 몇 시간이 지나면 셀러리의 반쪽은 푸른색, 나머지 절반은 붉은색이 된다.

음성 대조군 _____

양성 대조군 _____

대조군은 과학실험을 마술 속임수와 차별화하는 것이다. 모든 마술 속임수에는 합리적인 설명이 있게 마련이지만 마술사는 그것을 감추고 대신 마법의 주문이나 마술봉으로부터 나온 파동이 어떤 현상을 일으켰다고 주장한다. '소매 없는' 옷을 입고 나와 마술을 하는 사람을 본 적이 있는가? 반면에, 과학자들은 수행된 실험이 그런 결과를 초래했음을 자신과 남들에게 확신시키려 노력한다. 대조군은 이런 논리적 주장을 가능하게 만든다.

실험대상 설계 비결

1. 시험 가능한 실험용 질문
2. 음성 대조군(중요 요소의 생략)
3. 양성 대조군(품질 관리)
4. 실험 샘플

실험은 양성 대조군과 음성 대조군으로 경계 지어지는 결론을 도출하기 위한 논리적 근거이다.

답

1. 음성 대조군 하나는 깨끗한 종이 한 장이다. 개미들은 먹이가 놓여 있지 않은 종이를 무시할까? 개미들은 그들의 길에 인접한 뭔가를 조사할까? 양성 대조군은 원래 자리의 사과 조각이다. 개미들은 배고픈가? 그들은 사과를 좋아하는가? 그들은 '실험자가 예상했던' 곳으로 가는가?

2. 음성 대조군은 증류된 물이다. 왜냐하면 증류된 물은 산성도 염기성도 아니기 때문이다. (일부 수돗물은 약간 산성인데 그것은 물에 섞인 불순물 때문이다.) 이 실험의 양성 대조군은 잘 알려진 산성 물질 및 염기성 물질이다. 산은 레몬주스 또는 식초일 수 있다. 염기는 베이킹 소다 또는 암모니아수일 수 있다.

3. 음성 대조군은 자화磁化되지 않은 바늘이다. 자화되지 않은 바늘은 돌아서 북쪽을 가리키지 않는다. 양성 대조군은 '진짜' 나침반이다. 이 대조군은 바늘의 어느 쪽 끝이 북쪽을 가리키는지 보여 준다.

4. 음성 대조군은 맑은 물이다. 물에 색소를 풀지 않으면 잎은 녹색 그대로 유지될 것이다. 실험샘플들이 양성 대조군일 수 있다. 셀러리 잎이 색깔을 바꾸지 않는다면, 색소가 충분히 사용되지 않았거나, 물이 줄기를 통과해 잎에 도달할 만큼 시간이 충분히 경과하지 않았을 가능성이 있다.

　　대부분의 과학자들은 때론 쓰라린 오랫동안의 경험을 통해 대조군을 쓰는 법을 배운다. 하지만 그들이 쓰는 법칙이라고 해서 아이들에게 너무 복잡한 것은 아니다. 대조군 사용방법이야말로 아이들에게 가르치기 적당하고 수월한 과학의 한 부분이다. 그런데도 그것은 거의 모든 어린이 과학 프로젝트에서 무시되고 있다. 과학적 대조군은 과학적 방법의 핵심이다.

주

1 이 특별한 실험을 저자가 해보지는 않았다.

2 '돌이 말한다'에서 음성 대조군은 열린 창문이다. 이 시도가 틀림없이 실패하도록 하기 위해 어떤 요소를 빼놓았는가? 이 대조군은 어떤 가정을 시험하는가?

3 흙 없음 대조군이 주는 부가적인 장점은 아이들이 콩의 발아과정을 직접 볼 수 있게 해준다는 점이다. 작은 뿌리나 줄기의 형성 과정을 관찰하는 것은 이 실험으로부터 무언가 배운다는 경험을 한층 고조시킨다.

5

실험을 해보자

Let's Experiment!

젊음은 온통 실험이다.

– 로버트 루이스 스티븐슨

과학적 질문을 구체화하고 대조군을 만드는 데 정성을 많이 쏟을수록, 실험수행이 쉬워지고 수집된 데이터의 분석은 수월해진다. 실험 수행에는 실험노트 작성, 데이터 수집, 실험실수 극복 등이 포함된다.

모든 것을 기록하라

학생들의 실험노트 작성은 일반적으로 다음 두 가지 원칙을 반드시 지켜야 하는 것으로 되어 있다. (1) 개개의 새로운 실험은 반드시 다음과 같은 문장으로 시작해야 한다. "이 실험의 목적은 ~을 보여 주기 위한 것으로서…" (2) 깔끔하게 정리하는 것이 무엇보다 중요하다. 그러나 나는 다른 내용을 제시하고 싶다. 실험의 목적을 기술하는 것은 그 결과가 사전에 알려진다는 것을 시사한다. 만약 어떤 가설을 시험하기 위해 실험이 설계된다면, 이 경우 결론은 실험샘플을 실험 대조군과 비교하는 것에서 나온다. 따라서, 어떤 과학적 질문은 실험이 완료되기 전에는 답을 알 수 없다. 실험의 적절한 제목은, 그 실험을 통해 답을 찾아보려고 하는 질문일 수 있다.

깔끔한 노트정리는 얼마나 중요한가? 학생은 자신이 작성한 노트를 나중에 반드시 해독할 수 있어야 한다. 다른 사람들 역시 그 노트를 읽을 수 있어야 한다. 하지만 실험노트는 대개 산만한 상태에서 작성된다. 노트 위에 시약試藥을 엎지르기 일쑤며, 눈 덮인 언덕으로 노트를 들고 가야 할 경우도 있다. 그리고 실험이 진행 중인 상태에서 데이터를 노트에 기록하기도 한다. 최종적으로 제시되는 데이터는 물론 깔끔하고 질서정연하며 보기 좋아야 한다. 하지만 노트가 온전하고 해독 가능하기만 하다면 그 형식은 그다지 중요하지 않다.

좋은 실험노트는 실험자가 실험을 통제할 수 있도록 해주며, 합리적인 결과를 얻는 데 도움을 준다. 실험자들은 실험을 사전에 기획하여 그 결과를 노트에 기입해야 한다. 해야 할 일이 무엇인지를 미리 알고 있으면, 실험실에서 깜짝 놀라는 일을 겪지 않아도 된다. 실험 계획안을 짜고 그것을 어떻게 준수할지 궁리해 가는 과정에서 값진 기술이 개발된다. 이와 비슷한 맥락에서, 실험의 진행 상태를 정확하게 기록하는 능력은 실험의 완수보다 한 걸음 더 나아가는 효과를 지닌다.

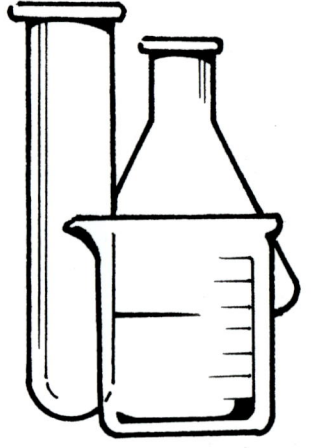

아이들도 실험노트를 작성할 수 있을까? 글쓰기를 배우고 있는 학생들이라면 도움이 필요하며, 고학년 아이들이라고 해도 역시 지도가 필요하다. 학생들의 수준에 따라 그들에게 필요한 지원의 정도가 정해진다. 아이들은 대개 정보를 추적하기 좋아한다. 따라서 데이터를 기록하는 일은 그들 입장에서 자연스럽다. 어린 아이들의 경우에는, 여럿을 모아 놓고 실험노트를 종합하는 것도 좋고, 난상토론으로 아이들의 참여를 유도할 수도 있다.

실험노트에는 어떤 내용이 들어가야 하는가? 전부 다 들어가야 한다. 학생들에게 온갖 것을 다 적어 넣으라고 권장해야 한다. 기억을 믿지 말라고 말해 주어야 한다. 완벽한 실험노트는 과학자가 실험을 실수 없이 하게 도와주며, 데이터의 분석을 촉진하고, 실험결과를 설명하는 것을 도와준다. 다음의 내용은 학생들이 실험노트를 꾸미는 데 분명 도움이 될 것이다.

❶ **날짜** 실험이 수행된 날짜를 기록하라.

❷ **제목** 실험을 통해 답을 찾아보려고 하는 질문이 바로 해당 실험의 제목이 될 수 있다.

❸ **실험기획에 관한 3장의 질문 목록에 대한 답** 만약 실험을 기획하기 위해 난상토론이 사용되었다면, 관련 있는 아이디어들을 요약한 것이 실험노트에 들어갈 수 있다. 다음 내용은 반드시 포함되어야 한다.

· 문헌조사에서 얻은 정보. 3장에 있는, 마찰에 관한 사실 목록을 참조하라.
· 모델. 학생은 시스템이 어떻게 작동하는지 기술해야 한다.
· 실험 일관성에 대한 검토. 눈썹매타기 실험의 경우라면, 주행 시간 측정, 동일인이 모든 눈썹매를 타게 하는 것, 모든 눈썹매를 세 번 시험하는 것에 관한 언급이 있어야 한다.

❹ **대조군** 실험에 포함될 양성 대조군과 음성 대조군의 목록을 작성하라. 음성 대조군으로 시험하게끔 설계된 가설들을 적어 내려가라. 음성 대조군에서는 어떤 필수적인 구성물들이 생략되었는가? 어떤 실험 조건들이 '작동하도록' 되어 있는가?

❺ **재료와 방법** 실험하는 데 무엇이 필요한가? 다른 과학자가 이 실험을 재현해 보고 싶을 때, 실험노트의 '재료와 방법' 항목에서 모든 필요한 정보를 찾을 수 있어야 한다. 눈썹매타기 실험의 재료로는 눈썹매들에 대한 묘사와 스케치, 기타 장비(스톱워치와 계산기)에 대한 언급 등이 포함될 것이다. 방법 항목에는 그 실험이 어떻게 수행되었는지에 대한 상세한 보고서가 포함될 것이다. 눈썹매타기 실험에 대한 실험노트에는 눈썹매주행이 어떻게 준비되었는지에 대한 설명, 눈썹매주자의 이름, 주자가 사용한 추진동작의 횟수, 언덕의 길이, 시간측정 방법 등이 포함될 것이다.

❻ **데이터** 실험에 따라 데이터는 아래와 같을 수 있다.

· 숫자들로 채워진 표. (눈썹매타기 실험의 경우, 데이터는 각각의 눈썹매가 주행을 완료하는 데 걸리는 시간이 될 것이다.)[1]
· 정성분석定性分析. (때 묻은 양말과 세제를 사용해 하는 실험의 경우, A세제의 세척력은 ++, B세제의 그것은 +++로 매겨질 수 있을 것이다.)
· 상세한 설명. (때 용해도 실험에 관해 기술하는 실험노트의 경우, 커피필터의 최종적인 외양, 얼룩이 얼마나 멀리 이동했는지에 대한 기록, 얼룩이 여러 구성색으로 분리되면서 변했는지 여부 등이 포함될 것이다.)
· 사진 또는 스케치. (때가 씻겨 나간 양말과 때가 씻겨 나가지 않은 양

말을 찍은 사진은 실험결과를 한눈에 보여 주게 될 것이다.)

❼ **실험에 관한 메모** 데이터 분석에 관련이 있는 정보라면 어떤 것이든 포함되어야 한다. 눈썰매타기 실험을 하는 학생들이라면, 예를 들어, 어떤 눈썰매는 조종이 너무 어려워서 주행코스를 제대로 지키지 못했다는 사실을 기록해야 한다. 아마도 어떤 세제가 양말을 노랗게 변색시켰을 수도 있고, 양말에 구멍을 냈을 수도 있다. 실험을 수행하는 도중 발생하는 문제는 어떤 것이든 실험노트에 기록되어야 한다.

❽ **데이터 분석** 실험노트는 샘플계산, 표, 그래프를 포함해야 한다. 데이터 분석에 대해서는 6장에서 자세히 다루었다.

❾ **결론** 질문에 대한 답을 구했는가? 무엇을 알아냈는가?

❿ **향후 실험에 대한 메모** 그 실험은 더 많은 질문으로 연결되었는가? 그것들에 대한 답을 어떻게 구할 수 있는가?

느슨하게 제본된 노트나 끼웠다 뺐다 할 수 있는 천공노트는 페이지가 쉽게 떨어져 나갈 수 있으므로, 실험노트로 사용해서는 안 된다. 그래프용지와 카본지가 붙어 있는 값비싼 노트를 쓸 필요는 없다. 스프링노트가 가장 적당한데, 사진, 그래프, 스케치, 컴퓨터 출력물 등은 필요한 곳에 접착테이프를 써서 잘 붙여 놓으면 된다.

콩 묘목 실험에 쓰는 실험노트의 모범사례가 부록 2에 실려 있다.

신중하게 진행하라. 일관성을 지켜라

실험은 가능한 한 신중하게 수행되어야 한다. 일관성은 약간만 흐트러지면 데이터에 큰 변화가 생길 수 있다. 실험을 해서 훌륭한 데이터를 생산해 내는 데에도 솜씨가 작용한다. 솜씨가 좋을 경우 실험을 통해 얻는 개인적 만족감도 크다. 물론 미숙한 사람들은 실험하면서 실수할 수도 있다. 특히 쉽게 흥분하는 아이들이 실험할 때 실수가 많다. 그러나 실수를 한다고 해서 모든 것이 끝장난 것은 아니다. 또한 아이들에게는 데이터 수집을 신중하게 하라고 말해 주어야 한다. 하지만 거의 모든 실험은 반복될 수 있으며, 반복을 통해 대체로 개선될 수 있다.

모든 반응과 시도와 통제요소들에 인식용 표지를 붙여라. A세제로 빤 양말과 B세제로 빤 양말을 구별하는 데에 당신의 기억력을 믿지 말라. 어린이 실험의 특징인 무질서 속에서 샘플들은 쉽게 뒤섞일 수 있다. 혼돈이 가라앉았을 때, 인식용 표지를 붙여둔 샘플들은 분석하고 재확인하는 일이 한결 쉬울 것이다. 용기容器의 뚜껑에 인식용 표지를 붙이지 말라. 뚜껑은 분리되어 없어질 수 있다. 인식용 표지를 붙이기 어려운 샘플에 대해서는 창의적으로 접근하라. 만약 콩 씨앗 여러 개가 컵 하나에 담겨 있다면, 컵의 테두리에 제각기 다른 색깔의 펜으로 표시함으로써 각각의 씨앗의 위치를 기록하라. 레몬주스 실험에 쓰이는 동전의 경우, 동전 뒷면에 붙인 테이프에 인식용 표지를 할 수 있다. 유성펜 표시는 물에 녹지 않으므로, 물을 묻히는 실험에서 유용하게 쓸 수 있다.

안전은 아이들을 데리고 실험할 때 언제나 유의해야 할 사항이다. 강산強酸이나 강염기 같은 유해 화학물질은 반드시 어른이 다루어야 한다. 위험성이 있는 화학물질을 사용해야 하는 실험에서는 참여자 모두 눈 보호기, 고무장갑, 실험용 가운을 착용해야 한다. 화염, 열기, 전기가 요구되는 실험 역시 어른이 세심하게 감독해야 한다. 깨진 유리조각이나 뾰족한 물체들도 위험할 수 있다. 대부분의 경우, 상식선에서 조금만 주의를 기울이면 실험을 안전하고 교육적이며 즐거운 것으로 이끌어 갈 수 있다.

글쎄, 실험은 재미있을까? 실제 실험을 수행하는 일이 과학적 과정에서 가장 재미있는 부분이다. 기회를 포착하기도 하고, 실수도 하고, 혼란에 빠지기도 하는 시간이다. 이보다 재미있는 것이 어디 있겠는가? 아이들이 처음 질문을 던진 이래 많은 시간과 노력이 실험에 소요되었다. 마침내 답을 알아내는 것은 그들 모두가 기다려 온 순간임에 틀림없다.

걱정일랑 붙들어 매라. 집단적 노력으로 실험이 기획되고 수행되었기 때문에, 스트레스 요인이 반드시 줄어든다. 교사나 학부모는 완벽한 실험을 해 보이겠다는 강박관념에서 벗어나야 한다. 학생들이 세운 모델이 틀렸음을 데이터가 증명하더라도 학생들은 근심하지 말아야 한다. 중요한 것은 뭔가를 배운다는 것이며, 배운다는 것은 분명 즐거움이다. 언젠가 어느 초등학교 교사는 그녀가 고등학교에서 받은 화학수업에서 "평생 갈 만큼의 스트레스"를 받았다는 고백을 한 적이 있다. 나 자신도 실험을 망쳤을 때, 그리고 그 망친 실험을 복구하기에 충분할 만큼의 시간과 시료試料가 남아 있지 않음을 알았을 때 처참한 심경에 빠졌던 것을 기억한다. 실수란 일어나게 마련이다. 필요하다면 실험을 반복할(그리고 개선할) 수 있도록 계획단계에서부터 시간을 충분히 잡고 준비물을 충분히 확보하라. 유연한 마음을 가져라. 실험이 올바르게 마무리되기도 전에 다른 주제로 건너가려고 서두르기보다는, 시간을 좀 더 투자해 성공적인 학습효과를 거두는 것이 더 낫다. 빡빡한 환경에서는 창의성이 저해된다. 과학자라고 해서 날마다 성공적인 실험을 하는 것은 아니다. 하물며 아이들의 실험에서 왜 그것을 기대해야 하는가?

　　일관성을 지녀라. 질문이 무엇을 묻고 있는지, 실험이 무엇을 시험하고 있는지 명심하라. 실험을 시도하는 가운데 어떤 요소도 변화해서는 안 된다. 눈썰매타기 실험은 눈썰매들 사이의 차이점을 비교하기 위해 설계되었다. 그래서 매 주행 때의 조건은 최대한 유사하게 유지되었다. 동일한 주자가 모든 주행을 수행했으며, 그 주자는 매번 같은 방식으로 눈썰매를 추진했고, 주행구간은 언제나 동일했다. 실험자들은 실험이 진행되면서 눈의 조건의 바뀔 수 있음을 예견했다. 그래서 모든 눈썰매에 대해 시험이 세 차례 실시되었으며, 모든 눈썰매가 똑같이 다져진 눈 위에서 시험되었다.

　　아이들을 위한 최선의 실험은 한 번에 한 가지만을 시험하는 것이다. 콩 발육 실험은 서로 다른 토양들을 비교하고 있다. 그러므로 묘목들은 같은 양의 물과 빛을 받아야 하고, 같은 온도에서 자라야 하며, 화분은 모두 같은 분량의 흙을 담고 있어야 한다. 동전 깨끗하게 하기 실험은 동전에 낀 녹을 제거하는 데 시간이 얼마나 걸리는지 조사하고 있다. 일관성을 담보하기 위해 모든 동전은 시작단계에서 같은 색이어야 하며, 주스 방울은 같은 레몬에서 짜낸 것이어야 한다. 실험주제 하나를 제외한 다른 모든 실험요소들이 동일하게 유지될 수 있도록 노력하라.

인생과 마찬가지로 데이터도 불완전하다

사람들은 대개 첫 시도에서 완벽한 결과가 나오기를 기대하지만, 그렇게 되는 경우는 거의 없다. 분명 똑같은 시도를 했음에도 불구하고 숫자들이 똑같이 나오는 경우는 거의 없고, 툭 튀는 값이 나오거나 편차가 생기거나 한다. 왜 그럴까? 주로 다음 세 가지 이유에 기인한다. (1)미지의 변화요소. 예컨대, 눈썰매 타기 경험이 별로 없는 학생들이라면, 눈썰매타기 횟수가 거듭될수록 언덕의 주행로가 점점 더 미끄러워진다는 것을 예상하지 못했을 수 있다. (2)생물학적 다양성 또한 편차의 원인이다. 살아 있는 것은 어떤 것들도 똑같지는 않다. 심지어 쌍둥이들도 마찬가지다. 똑같은 조건으로 심어진 똑같은 콩들도 발아하는 날이 서로 다르다. 생물학적 다양성은 생명 현상의 일부이다. 이런 작은 차이들이 세상을 흥미롭게 만들며, 종種들이 적응하고 진화하도록 해준다. (3)측정이나 실험을 수행하면서 저지르는 사람의 작은 실수가 데이터에 영향을 미칠 수 있다. 만약 눈썰매 주행시간을 측정하는 사람이 눈썰매가 결승점을 통과하는 그 순간에 정확하게 스톱워치의 정지버튼을 누르지 않는다면, 그 눈썰매는 좀 더 느리게 주행한 것으로 보일 것이다. 오류는 괜찮다. 그것은 어쩔 수 없는 것이다. 문제는 우리가 그것을 극복할 필요가 있다는 것이다.

과학자들은 샘플들 사이의 이런 모든 오류와 편차를 어떻게 극복하는 것일까? 실험을 여러 번 반복하면, 미지의 변화요소나 생물학적 다양성, 그리고 사람의 실수로 초래되는 편차를 이해하는 데 도움이 된다.

미지의 변화요소가 초래되는 불일치 사례는, 과학경진대회에서 흔히 볼 수 있는 실험에서도 찾아볼 수 있다. 애완동물이 어떤 먹이를 가장 좋아하는지를 알아내는 실험은 어린이들이 아주 좋아하는 실험 중 하나이다. (애완동물들도 이 실험을 너무 좋아할 것 같다.) 기니피그가 당근을 좋아하는지 아니면 오이를 좋아하는지 알아내는 실험이 준비되었다. 실험자는 한 주 동안, 매일 아침, 두 종류 먹이를 기니피그 우리의 서로 반대편 구석에 따로 넣어 주고, 어느 쪽을 먼저 먹는지 기록했다. 그런데 어느 날 아침, 여동생이 실험자가 모르는 사이에 먼저 그 기니피그에게 먹이를 먹였다고 치자. 그래서 이 배부른 기니피그 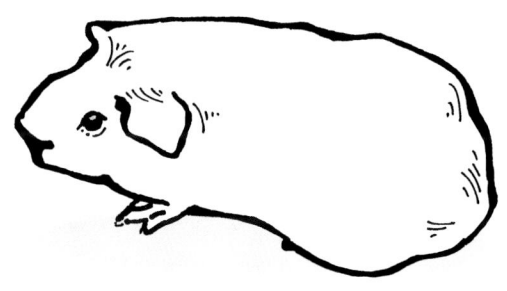는 실험자가 주는 먹이에 관심이 없었다. 만약 단 한 차례 실험 시도만이 수행되었더라면, 그 실험자는 기니피그가 당근도 오이도 좋아하지 않는다고 그릇되게 결론내릴 수 있다. 그런데 그 실험이 매일 아침 한 차례씩 한 주간 반복되면서, 그 변칙적인 날은 하나의 '오류'일 뿐이다. 그 시도는 여전히 기록되고 분석될 필요는 있지만, 결론에 미치는 영향은 덜 두드러진다.

마찬가지로, 생물학적 다양성에 대처하는 최선의 방법은 연구 대상이 되는 사람, 동물, 식물의 수를 늘이는 것이다. 유명상표 청바지가 무명회사 청바지보다 오래 가는지 알아보려고, 초등학교 1학년 남자아이들에게 입혀 실험해 본다고 치자. 이 경우 청바지 무릎 부분이 견디어내는지 여부에 특별한 중점이 두어질 것이다. 두말할 필요 없이, 아이들 성향의 차이가 청바지 천의 차이보다 훨씬 더 중요하다. 어떤 아이들은 다른 아이들보다 활동적이다. 활동성이라는 것도 다양하다. 어떤 아이는 무릎 꿇고 앉기를 잘하는가 하면, 어떤 아이는 엉덩이를 붙이고 앉기를 잘하고, 또 어떤 아이는 달리기를 하다가 잘 넘어진다거나 할 것이다. 이러한 다양성 문제를 극복할 수 있는 한 가지 방법은, 아이들 숫자를 아주 많게 하는 것이다. 각 청바지를 입는 두 실험 집단에 충분한 숫자의 아이들이 있다면, 아이들의 행동 다양성 차이는 나뉘어져 희석

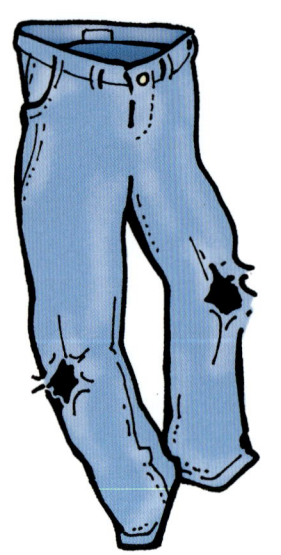

될 것이다. 다시 말해, 두 집단에는 활동적인 아이들과 그리 활동적이지 않은 아이들이 거의 비슷한 비율로 포함될 것이다.

인간의 실수는 언제나 실험의 중요 요소이다. 실험자가 신중할수록 숙련될수록, 편차는 최소화할 수 있지만, 이 요소는 언제나 데이터에 영향을 미친다. 또 다른 실험을 하나 설계해 보자. 이번에는 아이의 해진 청바지를 수선하면서, 열접착식 헝겊을 덧대어 다림질을 하는 것이 오래갈지, 아니면 보통의 헝겊을 바느질해 붙이는 것이 오래갈지 알아보는 실험이다. 예를 들어, 열접착식 헝겊 표면의 접착제는 다리미의 온도 변화에 영향받을 수 있다. 실험자가 일관성을 유지하기 위해 최대한의 주의를 기울여도, 약간의 온도 변화가 아주 큰 영향을 줄 수 있다. 마찬가지로, 바느질 수선 쪽에서는 스티치 간격이 수명에 영향을 미칠 수 있다. 실험자들이 손으로 바느질을 하면서 매번 똑같이 한다는 것은 절대 불가능하다. 샘플의 수를 키우는 것이 최선의 결과에 이르는 첩경이다. 충분히 많은 수량을 준비해서 분석한다면, 헝겊을 붙일 때 혹은 꿰맬 때 생기는 편차도 결국 나뉘어져 희석될 것이다.

막무가내로 '작동하지' 않는 실험에 대해서는 어떻게 할 것인가? 이것들은 모델이 부정확함이 증명된 실험들이 아니다. 이것들은 결론이 나지 않는 데이터를 생산하거나 아예 데이터를 생산하지 않는 실험들이다. 그러면 이제 실험자는 무엇을 하나? 만약 처음에 성공하지 못하면 다시 또 다시 시도하라. 하지만 무엇이 잘못 되었는지 먼저 생각하라. 실험을 개선하기 위해 무엇을 바꿀 수 있는가? 나는 이 책에 언급된 실험을 대부분 해보았다. 실험 전부가 단번에 작동한 것은 아니었다. 하지만 나는 '실패'로부터 때론 귀중한 정보를

얻었다. 7장의 사과 갈색화 실험으로부터 나는 신맛이 나고 껍질이 녹색인 사과는 공기 중에 오래 노출되어도 갈색으로 변하지 않는다는 사실을 알아냈다. 4장의 얼룩 용해도 실험을 하면서 나는 볼펜 잉크는 물에 녹지 않는다는 것을 알아냈다. (그러므로 볼펜은 커피 필터에 표시를 할 때 사용할 수 있다.) 콩 묘목 실험(4장과 부록 2)을 처음 했을 때에는, 단 한 개의 콩만 싹이 텄다. 그래서 네 배나 많은 콩을 가지고 실험을 다시 했다. 실험이 실패한다고 해서 세상에 종말이 오는 것은 아니다. 실패한 실험도 배울 기회를 제공할 수는 있다. 아이들은 자신들의 실험이 분석 가능한 데이터를 내놓지 못하면 실망할 수 있다. 그럴 때면 실험에 대한 새로운 접근법을 들고 나오게끔 난상토론을 시도하라. 성공적이지 않은 실험의 문제점을 조사하고, 실험의 어느 단계가 실패했는지 가려내는 데에는 양성 대조군이 특히 유용하다.

　　다음은 명심해야 할 요점들이다.

- 실험을 재미있게 하라. 실험은 지능검사가 아니라 학습기회이다. 누구나 실수는 한다. 똑똑한 사람은 실수에서 배운다.
- 세심한 기획은 실험 수행을 쉽고 안전하게 해준다. 대조군의 사용은 데이터 분석을 쉽게 해준다. 한 번에 한 가지만을 시험하고 있다는 것을 명심하라.
- 좋은 실험노트는 실험 성취와 데이터 분석 모두에 도움이 된다. 사전 기획이 실험 진행을 매끄럽게 해준다. 중요한 정보가 실험노트에 누락되어 있다는 사실을 발견하는 것은 절망스러운 일이다. 더구나 과학경진대회 전날 밤에 그 사실을 발견한다면, 여간 낭패가 아닐 수 없다. 실험을 다시 할 수 있는 시간이 그래도 남아 있을 동안에 실험노트를 살피고 데이터를 분석하라.
- 실패한 실험은 바로잡을 수 있다. 양성 대조군들은 실험 설계의 결함을 찾아내는 데 도움이 된다.
- 좋은 실험기법은 훌륭한 자산이지만, 실수는 생기게 마련이다. 실험을 반복하다 보면 실험을 개선할 기회가 온다.
- 개개의 실험에서 얻어진 데이터에 편차가 있을 수 있다. 툭 튀는 결과가 나올 수도 있다. 더 많은 시도를 하건 아니면 샘플을 더 많이 동원하건 실험이 많이 반복되기만 하면 된다.
- 데이터는 당신에게 뭔가를 말해 주고 있다. 모델이 부정확하다는 것을 데이터가 증명하면, 그 때에는 심화 조사가 필요할지도 모른다. 만

약 실험이 '작동하지' 않으면, 거기에는 반드시 이유가 있다. 가능한 설명과 대안적인 실험을 들고 나오도록 난상토론을 하라.

주

1 실험을 시작하기 전에, 칸이 비어 있는 표表를 준비해 보자. 모든 실험수행 목록을 적고, 그 옆에 데이터를 기록할 넉넉한 공간을 남겨두자. 실험자는 실험을 수행하면서, 그 빈칸들을 하나씩 채워 나가기만 하면 된다.

6

그게 무슨 뜻이지? 데이터 분석과 설명
What Does It Mean?

Data Analysis & Presentation

과학적 정보는 흔히 그래프와 표에 담긴다. 왜냐하면 이러한 양식들은 실험자가 자신의 데이터를 정리하고 이해하는 데 도움이 되기 때문이다. 그래프화는 강력한 분석적 도구다. 왜냐하면 그것은 숫자 데이터를 시각화해주기 때문이다. 따라서 그래프를 만들고 검사하는 것은 종종 데이터와 실험에 대한 새로운 통찰로 연결된다. 그래프 준비는, 적절한 비교들을 강조하고 올바른 결론의 도출을 촉진하는 방식으로 수치상 및 비非 수치상 결과들을 정리한다. 데이터를 그래프와 표로 만드는 것은 과학적 문제해결 기법problem-solving techniques 도구모음의 중요한 구성물이다.

과학적 그래프와 표는 또 실험자들이 데이터를 설명하는 것을 도와준다. 학생들은 자신의 실험을 남에게 설명하는 가운데 과학 과제에 대한 더 깊은 통찰을 얻는다. 실험결과를 설명하기 위해 학생들은 실험에 관한 그들의 가정에 도전하고, 데이터를 설명하는 가장 단순하고 명쾌한 방식을 결정해야만 한다.

수치 데이터 처리

많은 실험이 수치 데이터를 내려고 설계된다. 눈썰매타기 실험의 결과는 각각의 눈썰매가 언덕을 내려가는 데 걸린 시간이 몇 초인지 나타낸 것이다. 콩 묘목 실험(4장과 부록 2)은 인치 단위로 측정된 콩 묘목의 높이를 산출했다. 분석해야 할 수치가 아주 많을 수도 있다. 실험이 반복적 측정으로 이루어지는 경우 특히 그렇다. 수치 데이터 처리는 수치 데이터를 분류, 분석, 이해하는 것이다.

　　수치 데이터 처리에서 맨 먼저 고려해야 하는 것은 실험자의 수학적 능력이다. 실험자가 나눗셈을 아직 배우지 않았다면 반복된 관찰은 평균치를 낼 수 없다. 그리고 초등학생에게는 표준 통계 계산이 적절하지 않다. 통계는 보통 어린이 과학에는 필요하지 않다. 정확한 결론은 통계 없이도 도달될 수 있다. 아이들은 그래프와 표를 시각적으로 검토하는 것을 통해 실험상 실수와 수數 집단들 간의 차이점 같은 개념에 대한 이해를 획득할 수 있다.

　　실험상 실수는 과학에서 다반사다. 실험상 실수의 개념은 5장에서 소개되었다. 그에 대해 권하고픈 교정 방법은 관찰을 반복하는 것이다. 반복되는 측정은 좀체 같은 값을 내지 않는다. 때로 반복된 측정치는 광범하게 다양하며, 두 수 집단의 분포범위가 겹칠 수도 있다. 여기에 딜레마가 있다. 두 가지 수 집단이 진짜 다른지 어떻게 분간해낼 것인가? 예컨대, 어느 눈썰매가 진짜 가장 빠른지 어떻게 알아낼 것인가? 콩 묘목이 부엽토에서 더 빨리 자라는지 아니면 배양토에서 더 빨리 자라는지 어떻게 알아낼 것인가?

데이터를 그래프로 만들어라. 그림이 백 마디 말보다 낫다

그래프란 무엇인가? 그래프는 수치 데이터를 그림으로 나타낸 것이다. 실험을 2차원으로 표현한 것이다. 세로축(y-축)에는 실험에서 측정되었거나 관찰된 양을 나타낸다. 가로축(x-축)에는 실험에 사용되는 변수를 나타낸다.[1] 눈썰매 타기 실험에 사용된 눈썰매들의 무게를 표시하려면, 무게는 세로축에, 눈썰매의 종류는 가로축에 나타낸다.그림 6.1 콩 묘목의 성장을 표시하려면, 묘목의 키는 세로축에, 식재植栽 후 걸린 일수日數는 가로축에 나타낸다.그림 6.2 과학적 데이터를 나타내는 데 가장 널리 쓰이는 그래프는 막대그래프와 꺾은선그래프다. 부채꼴그래프는 과학에서는 좀체 사용되지 않는다. 하지만 이 그래프는 아직 나눗셈을 배우지 않은 아이들에게 비율을 보여 줄 때 유용하게 쓸 수 있다. 과학에서는 히스토그램이 자주 이용되지만, 아이들의 실험에는 막대그래프 정도면 충분하다. 막대그래프는 가로축(x-축)에 표시된 변수들이 서로 직접 연관되지 않거나, 그 변수들이 수를 나타내는 것이 아닐 때 사용된다. 예컨대, 눈썹매타기 실험에 사용된 눈썹매들의 무게를 그래프화할 때, 각각 다른 눈썹매들은 서로 독립적이며, 수적으로 연관되어 있지 않고, 실제로 수數가 아니다. 따라서 데이터는 막대그래프로 표시된다. **그림 6.1** 꺾은선그래프는 가로축(x-축)에 표시된 변수들이 서로 상관하여 변하는 경우 사용된다. 예컨대, 콩 묘목 성장과 식재植栽 후 일수日數 간의 대비를 나타낼 경우에는 꺾은선그래프가 사용되어야 한다. 가로축은 콩을 심은 다음 하루하루 경과하는 날수를 나타내도록 해야 한다. 왜냐하면 8일째의 콩 묘목 키는 7일째의 그것에 수치상으로 관련되기 때문이다. **그림 6.2** 꺾은선그래프는 관찰 대상이 시간경과에 따라 혹은 변수가 달라짐에 따라 어떻게 변화하는지 묘사할 때 흔히 사용된다.

　그래프의 축軸들에 이름을 붙여 보자. 세로축 근처에는 측정치를 적고 단위를 포함시킨다. 눈썹매 속도를 측정하는 단위가 100분의 1초, 초, 분, 년年, 천년千年 가운데 어느 것이었나? 가로축 근처에는 변한 것을 적는다. 적절하다고 판단될 경우 단위를 포함시킨다. 여러 방법이나 조건이 사용될 때에는 그것들을 식별하기 위해 범례를 달아 주는 것이 필요히다. 예컨데, 눈썹매타기 실험을 나타내는 막대그래프들 가운데 하나의 경우, **그림 6.4b**

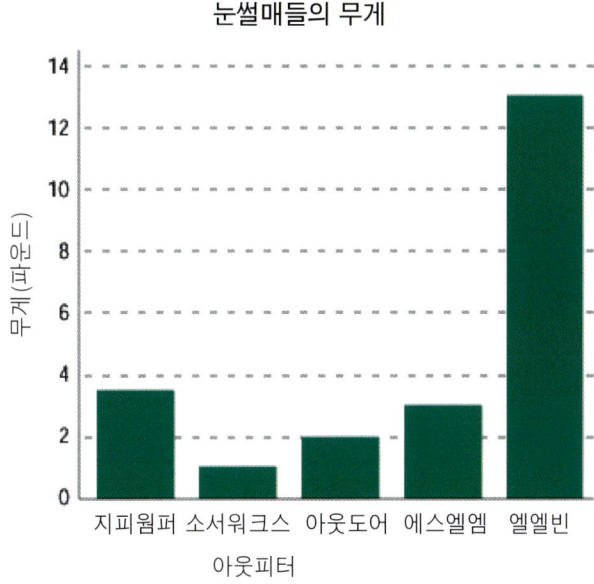

그림 6.1. 눈썹매들의 무게. 소서워크스 눈썹매가 이 실험에 사용된 눈썹매들 가운데 가장 가볍다. 엘엘빈 눈썹매는 소서워크스 눈썹매보다 13배 무겁다.

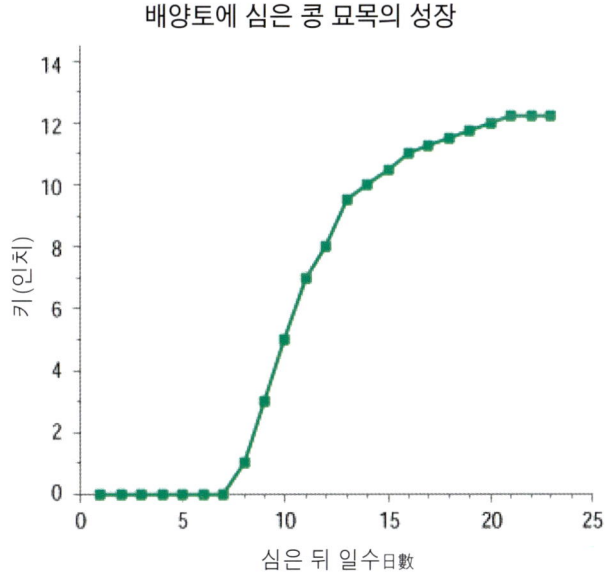

그림 6.2. 배양토에 심은 콩 묘목의 성장. 콩 묘목은 배양토에서 급속하게 자란다. 이 묘목은 심은 지 8일째 되던 날 키가 2센티미터였으며, 21일째 되던 날 키가 최대치인 12.5인치에 도달했다.

각각의 눈썰매는 막대 색깔에 의해 구별되며, 그 사실은 범례에 의해 설명된다. 실험에서 무엇을 측정했는지 나타내기 위해 그래프에 제목을 다는 것을 명심하자. 그래프는 어떤 실험에 관해 포괄적이고 그 자체로 설명이 가능한 이야기를 해야 한다.

　　아이들은 데이터를 표시하는 일에 도움이 필요할지 모른다. 하지만 그래프를 그리는 작업은 아이들이 즐기는 일이다. 그래프화된 데이터를 보는 것은 나이가 많고 적음에 관계없이 과학자들이 그들의 실험을 이해하는 데 종종 도움이 된다. 손으로 데이터를 표시할 때 학생들은 그들이 무엇을 하고 있는지, 그리고 데이터가 무엇을 의미하는지에 관해 반드시 생각해야만 한다.[2] 그래프 그리기와 관련해 적절한 안내와 도움을 제공하라. 어떤 형태의 그래프가 사용되어야 할지 결정하는 것을 도와주라. 그 다음으로는, 아이들에게 두 개의 축을 세우게 하고, 그래프용지에 값과 단위를 적어 넣어 작업을 마치게 하라.

　　막대그래프의 경우, x축에는 실험의 변수들을 일정한 간격을 두고 표시해 주어야 한다. **그림 6.1**에서 x축의 문자들은 구체적인 눈썰매들을 가리킨다. 이 그래프에서 y축은 눈썰매들의 무게를 가리킨다. 각각의 특정한 눈썰매에 대해 아이들은 그 무게를 파운드 단위로 재서 y축에 점으로 표시한 다음 그 무게에 맞춰 적절한 높이로까지 막대를 그려야만 한다. (눈썰매들의 무게는 3장에 나타난 것처럼 표 형태로 표시될 수도 있다.)

　　꺾은선그래프의 경우 x축과 y축 모두에 점점 커져 가는 숫자를 적어 주는데, 보통 일정 간격으로 증가하도록 한다. 콩 묘목의 성장을 표시할 경우, 가로축은 실험의 변수들, 즉 씨앗을 파종한 이후의 일수日數를 나타낸다. 세로축은 측정치, 즉 콩 묘목의 성장을 나타낸다.**그림 6.2** 학생들은 각각의 데이터 점을 우선 숫자쌍 즉 (묘목의 키, 파종 후 지난 일수)로 적어 놓고 나서, 각각의 숫자쌍에 대응하는 점을 찾아내어 적당한 표시를 해둔다. 예를 들면, (1인치, 제8일), (3인치, 제9일), (5인치, 제10일)을 각각 대응시키는 것이다. 데이터 조합의 모든 점들이 그려지면 그 점들을 서로 연결하여 꺾은선그래프를 완성한다.

표 6.1. 왼손잡이 아이들과 오른손잡이 아이들의 받아쓰기 성적	
왼손잡이	오른손잡이
10	8
8	7
6	3
12	6
평균=9	평균=6

되짚어 보는 실험 실수

과학자들이 실험 실수를 극복하는 데 그래프가 어떻게 기여하는가? **표 6.1**에 두 줄의 숫자가 있다.

이 숫자들은 어느 초등학교 3학년 반에서 왼손잡이 아이들과 오른손잡이 아이들의 받아쓰기 시험 성적을 나타낸다. 평균점수를 보면 왼손잡이들의 점수가 오른손잡이들의 점수보다 높다. 그런데 개인별 점수를 비교해 보면 비교 대상에 따라 우열이 달라지기도 한다. 그렇다면 그 두 집단은 진정으로 다른가? 왼손잡이 아이들이 오른손잡이 아이들보다 받아쓰기를 잘한다고(아니면 적어도 이번 한 차례 시험에서는 더 잘했다고) 단정할 수 있을까? 데이터를 그래프로 나타내 보자.

　　개인의 받아쓰기 성적과 평균 성적이 **그림 6.3a**와 **그림 6.3b**에 표시되어 있다. 개인의 성적을 나타내는 **그림 6.3a**의 그래프에서 개인별 순위를 매겨 보면 차례가 두 그룹 사이에서 왔다 갔다 한다는 것을 알 수 있다. 그런데 왼손잡이 집단에는 두 개의 최상위 점수가 있으며, 오른손잡이 집단에는 한 개의 최하위 점수가 있다. 이들 셋을 제외한 나머지 점수들 사이에는 별다른 차이가 없다. 이 그래프로부터 얻는 결론은, 이 시험에서 좋은 성적을 올린 학생 두 명이 왼손잡이 집단에 있다는 것일 뿐, 왼손잡이들이 오른손잡이들에 비해 일관되게 성적이 더 좋다고 말할 수는 없다는 것이다. 두 집단이 진정으로 다른 것이 아니라는 것이다.

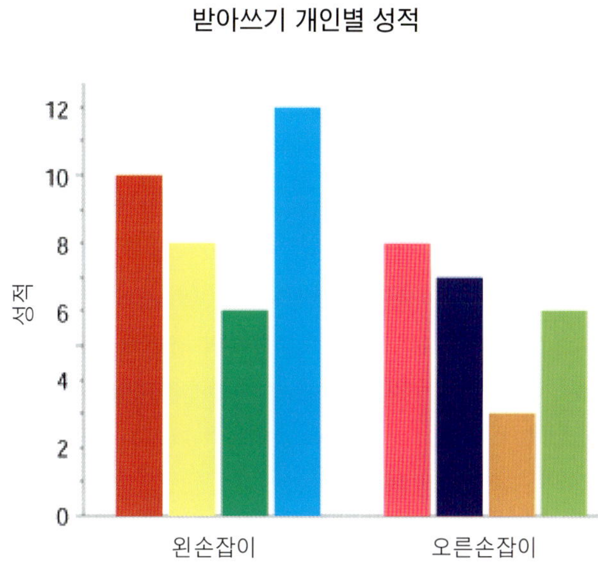

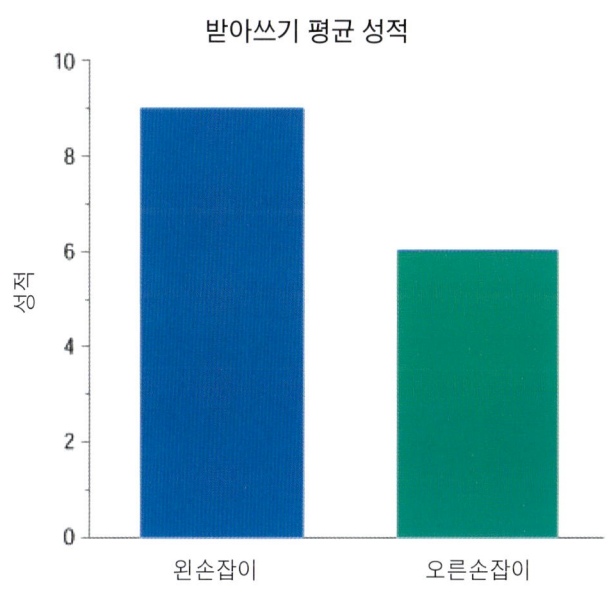

받아쓰기 개인별 성적

그림 6.3a. 왼손잡이들의 개인별 받아쓰기 성적과 오른손잡이들의 개인별 받아쓰기 성적이 겹친다.

받아쓰기 평균 성적

그림 6.3b. 왼손잡이들의 받아쓰기 평균 성적이 오른손잡이들의 그것보다 높다.

이제 평균점수를 보자. 왼손잡이들의 평균점수는 9점인 반면 오른손잡이들은 6점이다. 누가 보더라도 9점은 6점보다 크다. 이렇게 평균점수만 놓고 판단하면, "왼손잡이 학생들이 오른손잡이 학생들보다 받아쓰기 수업을 더 잘 이해한다"라는 잘못된 결론에 도달하게 된다. 형식을 제대로 갖추어 얻은 통계치가 없는 상태에서 평균치만으로 데이터를 나타내는 것은, 사실을 크게 왜곡시킬 위험이 있다. 단 하나의 낮은 점수에도 평균치는 뚝 떨어질 수 있다. 심지어 그 낮은 점수가 실험상의 실수일 때조차 그렇다(그 낮은 점수를 받은 아이가 그날 시험 볼 때 몸이 아팠을 수도 있다). 모든 데이터를 전부 그래프화함으로써 한 집단의 전반적인 성취도는 명백해진다.

만약 과학자들이 표 6.1의 데이터를 그래프화한다면, 그들 역시 평균값을 쓰기는 하겠지만, 개별 집단 안에서 데이터가 흩어져 있는 정도는 표준 에러 바(standard error bars; 그래프 상의 오차를 나타내는 T-모양 혹은 I-모양의 선-역주)로 나타낼 것이다. 과학자들이라면 아이들 집단 두 개 사이의 차이를 통계학적 확률로 표현할 것이다. 통계학은 아주 쓸모가 많은 도구이지만, 어려운 수학이 등장하므로 초등학생이 다룰 수는 없다. 아이들이 데이터에서 결론을 이끌어내는 데 통계학이 반드시 필요한 것은 아니다. 실험 실수를 극복하는 최선의 방법은 보다 꼼꼼하게 실험 결과를 들여다보는 것이다. 모든 점을 표시한 다음, 흩어져 있는 데이터들이 결과에 어떤 영향을 미치는지 관찰하라. 외따로 떨어진 점 하나가 전반적인 결론을 바꾸지 않을 수도 있다. 두 개의 숫자 집합 간에 현저하게 겹치는 부분이 있을 경우, 그것은 두 집합의 성향이 크게 다르지는 않다는 것을 시사한다.

그래프는 데이터 설명에 도움이 된다

표 6.2. 눈썰매 주행시간

눈썰매이름	#1	#2	#3
		주행시간	
지피 웜퍼	10.17	10.97	9.38
소서워크스	8.07	5.96	7.42
아웃도어 아웃피터	13.37	9.50	8.90
에스엘엠	14.37	11.09	8.93
엘엘빈	11.41	11.30	9.90

눈썰매타기 실험은 어떻게 그래프해야 하는가? 눈썰매 주행시간은 표 6.2에 나타냈고, 그림 6.4a, b, c에 각기 다른 방법으로 그려보았다.

내가 처음 생각한 것은 데이터를 그림 6.4a처럼 막대그래프로 표시하는 것이었다. 데이터의 점들이 서로 독립적이었기 때문에 막대그래프를 선택하

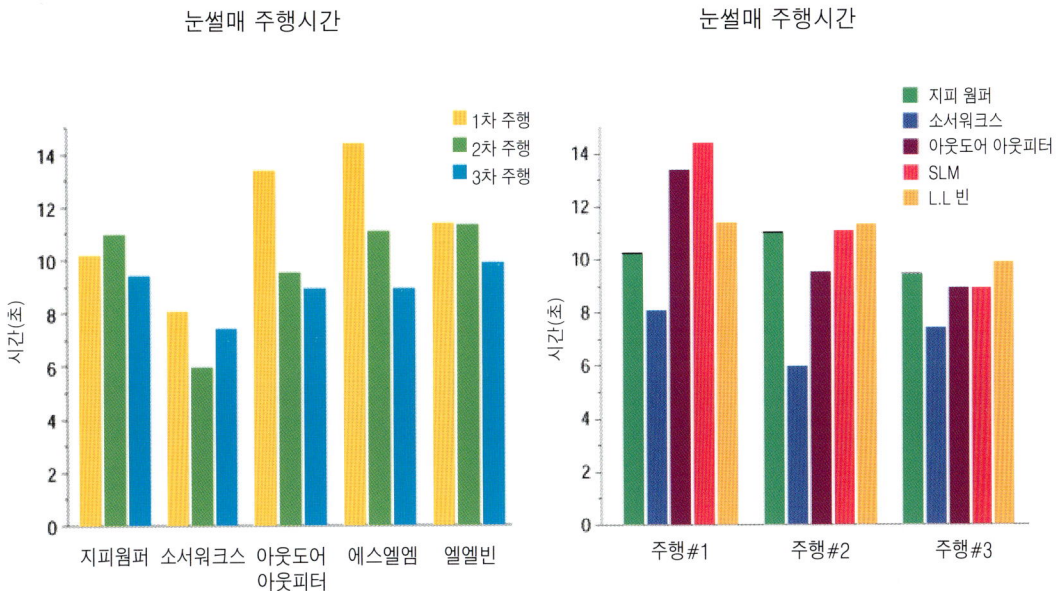

그림 6.4a. 위 그림은 소서워크스가 가장 빠르며, 엘엘빈이 가장 느리지 않음을 보여 준다. 각 눈썰매의 막대가 갈수록 짧아지는 것은 횟수가 거듭될수록 주행속도가 더 빨라졌음을 가리킨다.

그림 6.4b. 주행 회차回次별로 눈썰매들을 묶어 놓으면 좀 더 객관적인 평가가 가능해진다. 눈 상태가 비슷하게 유지된 각각의 회차들을 다른 회차들과 비교했다.

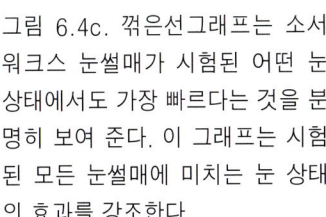

그림 6.4c. 꺾은선그래프는 소서워크스 눈썰매가 시험된 어떤 눈 상태에서도 가장 빠르다는 것을 분명히 보여 준다. 이 그래프는 시험된 모든 눈썰매에 미치는 눈 상태의 효과를 강조한다.

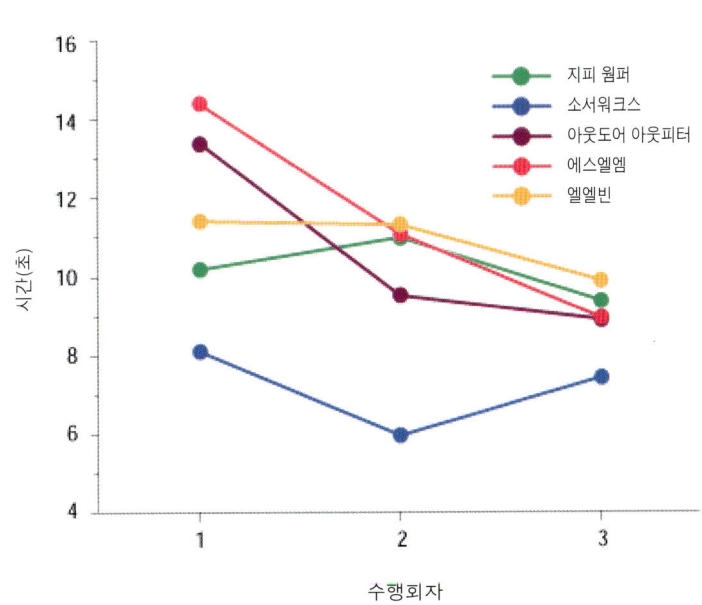

는 것이 좋으리라고 보았다. 데이터는 눈썰매 형태 별로 모았다. 이 그래프는 소서-워크스 눈썰매가 시험된 조건 아래에서 가장 빠르다는 것을 뚜렷이 보여 준다. 소서-워크스 눈썰매의 주행시간은 다른 어떤 눈썰매의 주행시간과도 겹치지 않는다. 사실, 소서-워크스 눈썰매가 기록한 가장 느린 주행시간조차 다른 어떤 눈썰매보다 1초 빠르다. 가장 무거운 엘엘빈 눈썰매가 가장 느리지 않다는 사실에 주목하라. 더욱이, 이 막대그래프는 실험이 진행될수록 눈썰매의 주행이 점점 빨라짐을 시사한다. 각각의 눈썰매 속도를 나타내는 막대기 세 개가 점차 짧아지는 것에 주목하라. **그림 6.4b**는 데이터가 주행 차수次數에 따라 분류된 두 번째 막대그래프이다. 실험이 진행될수록 주행로 눈 상태가 달라져 주행속도가 빨라지기 때문에, 이런 방식으로 정리하는 것이 데이터 분석을 쉽게 한다. 이 그래프는 주행로 눈 상태가 거의 동일하게 유지된 조건에서 수행된 눈썰매 주행시간 비교에 중점을 둔 것이다. 소서-워크스 눈썰매는 시험된 모든 눈 조건에서 가장 빠르다. 눈썰매타기 실험을 수행한 여학생 리지와 그 아버지는 꺾은선그래프로 그리자고 제안했다.**그림 6.4c** 꺾은선그래프는 그럴싸한 접근법이다. 왜냐하면 눈썰매 주행 차수를 1, 2, 3, …하는 숫자로 나타낼 수 있기 때문이다. 눈썰매주행이 거듭될수록 눈이 더 단단히 다져지기 때문에 주행시간이 그만큼 단축된다. 이 꺾은선그래프를 보고 다음과 같은 중요한 사실들을 알아낼 수 있다.

1. 소서-워크스 눈썰매가 월등하다.(시험된 모든 눈 조건에서 최소 1.5초 앞섰다.)
2. 눈이 다져졌을 때에는 소서-워크스를 제외한 모든 눈썰매가 거의 같은 시간(약 9초)에 주행을 완료했다.
3. 눈이 가루 상태였을 때 행한 최초 주행에서는 눈썰매의 형태에 따라 큰 차이(6초 이상)가 났다.
4. 에스엠엘 눈썰매와 아웃도어-아웃피터 눈썰매의 속도는 눈 조건에 의해 가장 크게 영향을 받았다.(이들 데이터를 그린 그래프의 기울기가 가장 크다.)
5. 가장 무거운 엘엘빈 눈썰매가 다른 눈썰매들에 비해 현저하게 느리지는 않았다.

그래프는 실험자들이 그들의 데이터를 이해하고 해석하는 데 도움을 주며, 그 데이터를 남들에게 좀 더 명확하게 설명하는 것을 가능케 하는 시각적

그림 6.5. 싹트는 모양. 씨앗을 심은 지 4일째에서 14일째 사이에 싹이 텄다. 특정한 날에 튼 싹의 수는 막대기의 높이로 표시되며, 막대기의 색깔은 흙의 형태를 가리킨다. 배양토와 부엽토에 심은 씨앗, 또는 젖은 종이수건 위에서 발아한 씨앗은 11일째 되는 날 또는 그 이전에 싹이 텄다. 모래에 심은 씨앗은 13일째 또는 14일째 되는 날까지 발아하지 않았다. 종이수건 위에서 발아한 씨앗은 싹이 씨앗으로부터 2센티미터 튀어나온 뒤에야 싹튼 것으로 계산되었다. 왜냐하면 흙에서 자란 씨앗들은 지표면에서 2센티미터 아래에 심겼기 때문이다.

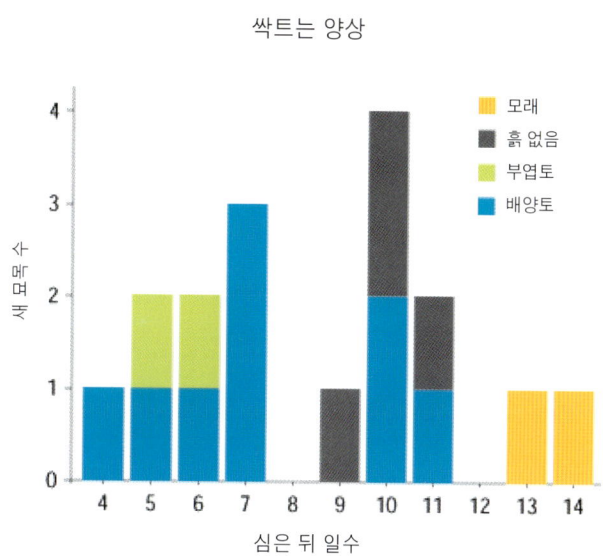

토양별로 살펴본 발아 콩의 수

색깔이 있는 부분은 발아한 콩을, 흰색 부분은 발아하지 않은 콩을 가리킨다.

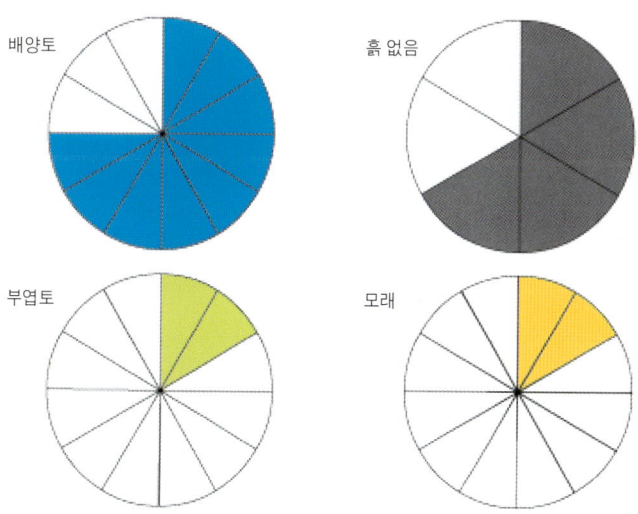

그림 6.6. 토양별로 살펴본 발아 콩의 수. 배양토에 심은 씨앗 12개 가운데 9개가 발아했다. 젖은 종이 수건에서 배양된 씨앗 6개 가운데 4개가 발아했다. 부엽토에 심은 씨앗 12개 가운데 2개가 싹을 틔웠다. 모래에 심은 씨앗 12개 가운데 2개가 발아했다.

표현을 제공한다. 서로 다른 형태의 그래프들은 서로 다른 아이디어들을 강조한다. 따라서 여러 가지 다른 그래프화 기법을 채용하는 것은, 데이터에서 가능한 정보가 전부 추출되었음을 담보하는 데 도움이 된다. 여러 형태의 그래프를 사용하는 데이터 분석을 통해 예상치 않았던 결론이 드러날 수도 있다.

콩 묘목 성장 실험으로부터 생산된 그래프들은 **그림 6.6, 6.7, 6.8**에 나타나 있다. **그림 6.7**은 이 실험에서 수집한 모든 데이터를 나타낸다. **그림 6.5, 6.6, 6.8**은 실험의 특정한 측면(싹 틔우는 시간, 발아한 씨앗의 수, 묘목의 최종적인 키)을 강조한다.

콩 싹이 지표면 위로 솟아오르는 데 걸리는 시간은 **그림 6.5**에 나타나 있다. 싹은 파종 후 4일과 14일 사이에 관찰되었다. 부엽토와 배양토에 심었거나, 젖은 종이수건 위에서 발아된 콩 씨앗들은 같은 시간대(11일째 되던 날 또는 그 이전)에 싹이 텄다. 모래에 심은 콩 씨앗들이 모래 위로 나오는 데에 더 많은 시간(13-14일)이 필요했다.

서로 다른 토양에서 발아한 씨앗의 수는 **그림 6.6**에 나타나 있다. 만약 실험자들이 수학적 개념을 이해한다면 이들 데이터는 분수分數 또는 백분율百分率로 표현될 수 있다. 어린 학생들에게는 그림으로 뭔가를 보여 주는 것이 개념을 더 명확하게 전달할 수 있다. 각각의 토양에는 콩 씨앗 12개씩을 심었다. 화분에서는 씨앗 12개 가운데 9개가 묘목으로 성장했다(75%). 부엽토와 모래에서는 씨앗 12개 가운데 고작 2개만이 싹을 틔웠다(17%). 젖은 종이수건 위에서 발아된 씨앗 6개 가운데에서는 4개가 묘목으로 성장했다(67%).

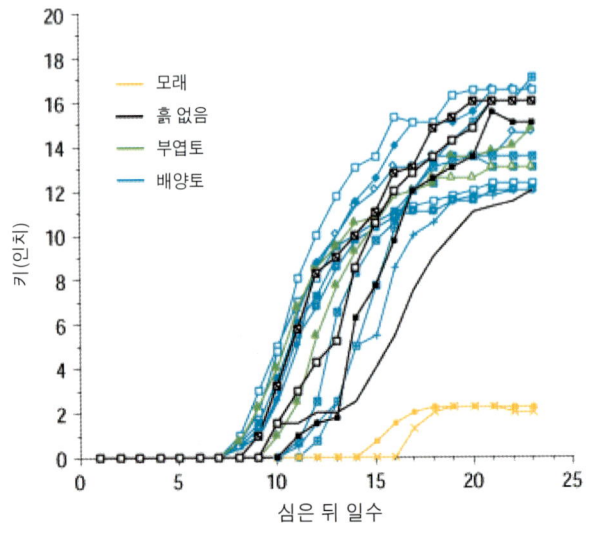

토양별 콩 묘목의 성장

모래
흙 없음
부엽토
배양토

키(인치)

심은 뒤 일수

그림 6.7. 토양별 콩 묘목의 성장. 꺾은선의 기울기는 콩 묘목의 성장률을 가리킨다. 기울기가 클수록 성장률이 빠름을 가리킨다. 배양토와 부엽토에 심은 씨앗, 그리고 젖은 종이수건에서 발아된 씨앗은 같은 속도로 성장했다. 모래에 심은 씨앗은 비슷하거나 약간 느리게 성장했다.

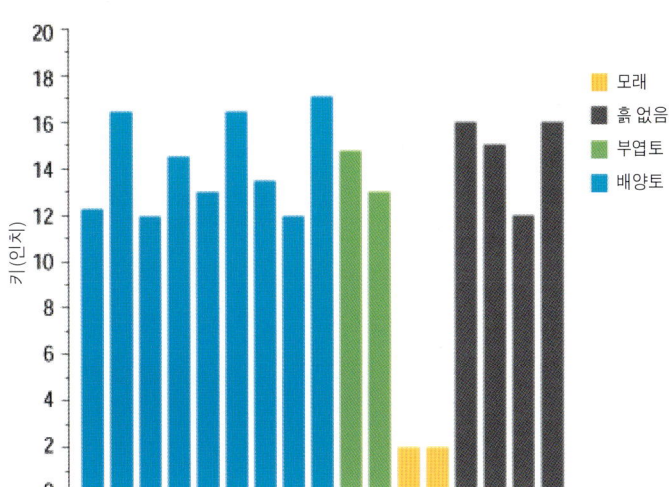

심은 지 23일 지난 콩의 키

범례:
- 모래
- 흙 없음
- 부엽토
- 배양토

그림 6.8. 심은 지 23일 지난 콩의 키. 배양토와 부엽토에 심은 씨앗, 그리고 젖은 종이수건에서 발아된 씨앗은 비슷한 키로 자랐다(12~17인치). 모래에 심은 씨앗은 키가 2인치를 넘지 않았다.

　　콩 묘목의 성장률은 **그림 6.7**에 표시되어 있다. 부엽토와 화분 흙에 심었거나 종이수건에서 발아된 콩은 같은 비율로 성장했으며, 키도 거의 같은 높이로 자랐다. (검은 선, 붉은 선, 녹색 선을 비교해 보라.) 모래에 심은 콩 묘목은 키가 2인치에 달하자 성장을 멈추었다. 다른 묘목들은 12~17인치 높이까지 자랐다.**그림 6.8 참조** 이러한 성장 부진은 모래 속 영양분의 결핍으로 인한 것이 아니다. 왜냐하면 흙 없는 대조군들이 배양토에 심은 콩 만큼 빨리 그리고 높이 자랐기 때문이다. 콩 씨앗들은 잎이 발달해 광합성이 일어날 수 있을 때까지 묘목 성장을 떠받치기에 충분한 영양분을 분명 함유하고 있다.

　　애당초 품었던 실험 관련 질문으로 돌아가 보자. 가게에서 파는 배양토, 부엽토, 모래 가운데 어디에 심었을 때 콩 묘목은 더 빨리 자라는가? 이 실험에서 생산된 그래프 4개는 그 질문에 대한 답을 주며 추가정보도 제공한다.

1. 배양토, 부엽토, 또는 종이수건에 심은 콩들은 11일째 되는 날 발아했다. 모래에 심은 콩은 그보다 늦게 13일째와 14일째에 발아했다.

2. 배양토에서는 콩 12개 가운데 9개가, 모래 또는 부엽토에서는 12개 가운데 2개가, 종이수건에서는 6개 가운데 4개가 각각 발아했다.

3. 배양토, 부엽토, 그리고 흙 없는 환경에서 콩 묘목이 같은 비율로 성장했다. (그림 6.7 선들의 기울기가 같다.) 모래에 심은 콩의 성장률은 다른 묘목들의 성장률보다 약간 느리거나 비슷하다.

4. 배양토와 부엽토에서 성장하거나 종이수건에서 발아한 콩들은 비슷한 키로 자랐다(12-17인치). 모래에 심은 콩에서 나온 묘목은 키가 2인치에 달하자 성장을 멈추었다.

수치로 나타낼 수 없는 데이터(정성분석)

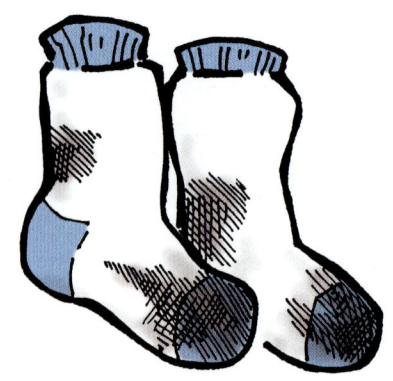

모든 실험에서 수치 데이터가 나오는 것은 아니다. 동전을 반짝거리게 만드는 실험(4장), 양말 빨기 실험(4장), 그리고 사과 갈색화 실험(7장)은 모두 정성적 데이터를 생산한다. 실험 샘플들은 대조군에 비교해 서열을 매길 수 있다. 하지만 수는 개재되지 않는다. 이런 형태의 데이터를 분석하고 설명하는 데에는 다른 접근법이 요구된다.

수치로 나타낼 수 없는 데이터는 표表형태, 또는 사진이나 그림으로 표현될 수 있다. 표 6.3을 만들기 위해 서로 다른 세제를 사용해 세탁한 양말들에 상대적인 청결도에 따라 순위를 매기고, 양성 대조군과 음성 대조군에 비교했다. '-'라는 점수는 빨지 않은 양말에 매겨졌으며, '++++'라는 점수는 새 양말에 부여되었다.

이런 형태의 표를 만드는 데에는 어느 정도의 주관성이 개재되었다. 실험 샘플들을 그 대조군들과 비교함에 있어 최대한 정직해질 것을 아이들에게 권장하라. 어느 양말이 어떤 집단에 속하는지 평가자들이 알지 못하는 '눈먼 blind' 분석을 사용함으로써 객관성이 높아질 수 있다. 눈먼 분석의 경우, 양말을 추적하기 위해 창의적인 이름 붙이기가 필수적이다. 사과 갈색화 실험에서는 하나하나의 실험 결과를 학급 공동으로 판정하게 함으로써 객관성을 확보했다. 몇몇 학생들이 자신들이 제안한 방식에 대해 편파적으로 호의적이었을 수 있었다고 하더라도, 나머지 학생들은 편견을 갖지 않으리라고 기대되었다.

객관성을 높이는 또 다른 방법은 샘플들을 표준과

표 6.3. 두 가지 세제의 세척력 비교

방법수	점수	점수	점수	점수
새 양말	++++	++++	++++	++++
A세제로 세탁	++	+	++	+
B세제로 세탁	+++	+++	+++	+++
세탁 안 함	-	-	-	-
맹물로 세탁	+/-	+/-	-	+

표 6.4. 표 6.3에 설명 덧붙이기

방법수	점수	점수	점수	점수	설명
새 양말	++++	++++	++++	++++	밝은 흰색
A세제로 세탁	++	+	++	+	짙은 때가 남아 있는 회색
B세제로 세탁	+++	+++	+++	+++	흰색이지만 새 양말만큼 밝지 않음
세탁 안 함	−	−	−	−	짙은 회색에서 검은색
맹물로 세탁	+/−	+/−	−	+	짙은 회색

비교하는 것이다. 나는 당초 사과 갈색화 실험과 관련해 페인트칩(페인트로 구현할 수 있는 칼라들을 작은 종이에 인쇄해서 칩으로 만든 것–역주)이 객관적인 참고가 될 수 있을 것이라고 생각했다. 하지만 페인트칩은 사과 갈색화에서 생기는 색상과는 많이 다르다는 것을 알았다. (흙 묻은 양말의 색상이 가정용 페인트 색에 더 가까울 것 같다.) 어떤 경우든, 가장 좋은 비교는 양성 및 음성 대조군과 비교해 보는 것이다.

수치로 나타낼 수 없는 실험에서는 실험 실수가 반드시 고려되어야 한다. 따라서 반복실험이 중요하다. 수치 데이터에 관한 한 모든 데이터 점수를 보여 주라. 데이터 집합들 사이의 겹침을 고려하고, 어떤 데이터 집합이 독특한지 관찰하라. **표 6.3**의 데이터는 B상표가 A상표보다 양말을 더 깨끗하게 한다는 것을 보여 준다. 어떤 실험에서는 맹물에 빨았는데도 A상표로 빤 것만큼이나 양말이 깨끗해졌다. 그러나 맹물을 사용한 대부분의 경우에는 양말이 약간만 깨끗해졌다.

간단한 설명을 덧붙이는 것이 표 작성에 유용할 수 있다. 양말에 등급을 매기면서 '짙은 얼룩들이 있는 회색 발바닥 부분'이라고 하는 것은 +/−보다 더 많은 정보를 제공한다. 어떤 세제가 양말을 노랗게 변색시켰다거나 구멍을 냈다는 식의 정보도 표에 포함시킬 수 있다. 설명은 각주에 적을 수도 있지만, 표에 별도로 한 줄을 할애하여 적어 넣을 수도 있다.

정성분석에서는 사진이 유용하다. 왜냐하면 사진은 사람들에게 데이터를 그 자체로 판단할 수 있는 기회를 주기 때문이다. 사과 조각이나 세탁된 양말 사진은 그 결과를 뚜렷이 보여 준다. 객관성을 유지하기만 한다면, 결과물을 그림으로 스케치하는 것도 가능하다. 사진 또는 스케치는 최종 설명의 호소력을 크게 높인다.

무엇을 배웠는가?

실험이 의문에 대한 답을 주었는가?

1. 눈썰매타기 실험은 소서-워크스 눈썰매가 단연코 가장 빠르다는 사실을 뚜렷이 보여 주었다. 그 데이터는 또 소서-워크스 눈썰매가 가장 빠른 것은 그것의 바닥이 가장 매끄럽기 때문임을 암시한다(모델 1). 눈썰매 무게(모델 2)는 눈썰매 속도를 결정하는 데 덜 중요한 것으로 보인다. 왜냐하면 가장 무거운 눈썰매가 가장 느린 것이 아니기 때문이다. 눈썰매 속도에 미치는 색의 영향(모델 3)은 이 실험에서는 정밀하게 시험되지 않았다.

2. 콩 성장 실험에서 나온 데이터는, 콩을 배양토에 심는 것이 시험된 네가지 영역, 즉 발아 시간, 심은 씨앗 가운데 싹이 튼 것의 비율, 성장률, 최종 키에서 좋은 결과를 냄을 가리킨다. 비슷한 성장률, 발아 시간, 최종 키가 부엽토에 심은 콩에서 관찰되었다. 하지만 부엽토에서는 싹이 튼 씨앗이 더 적었다. 모래에 씨앗을 심는 것은 가장 빈약한 결과를 냈다. 흙 없이 발아된 콩은 배양토에 심은 콩과 마찬가지 결과를 냈다. 하지만 이들 묘목에는 꼿꼿한 줄기를 갖지 못했으며, 매일 종이수건을 물로 적셔 주어야 하는 관계로 더 많은 보살핌이 필요했다.

3. 양말 빨기 실험은 세제 가운데 B상표를 사는 것이 최선의 선택임을 보여 준다. B상표는 더 싸며, 이 세제를 사용해 세탁한 양말이 A상표를 사용해 세탁한 양말보다 더 깨끗했다.

그것은 옳은가?

비록 모래에 심은 묘목의 빈약한 결과가 놀라운 것이기는 했지만, 콩 성장, 눈썰매타기, 그리고 세제 실험은 모두 믿을 수 있는 데이터를 생산했다. 예상치 않은 결과는 새 모델의 수립을 요구할 수 있다.

실험이 다른 재미있는 정보를 뚜렷이 보여 주었는가?

1. 눈썰매 속도에 눈 상태가 미치는 효과는 추가적인 유용한 정보였다. 에스엘엠과 아웃도어-아웃피터 눈썰매는 다른 눈썰매들보다 눈 상태에 의해 더 많이 영향을 받았다.

2. 모래와 관련해서는 콩 묘목의 성장을 저해하는 뭔가가 있다. 이 실험

에 사용된 모래는 어린이 놀이용 모래주머니에 쓰이는 것이었다. 따라서 이 모래는 잡초 성장을 차단하는 모종의 화학물질로 처리되었을 수 있다. 모래에 심은 콩 묘목이 빈약한 성장에 그친 것에 대한 또 다른 설명은 모래가 탄탄하게 다져진 까닭에 통풍通風이 되지 않았을 수 있다는 것이다. 시중에서 파는 배양토에는 흙의 통풍을 돕는 질석蛭石이 섞여 있다. 부엽토나 모래에 질석을 첨가하는 것은 콩 묘목 성장을 위한 이들 토양의 개량을 이끌 수 있다.

3. 맹물에 양말을 빠는 것은 진흙제거에 효과적인 방법이 아니다.

데이터 설명: 포스터

당신의 세심한 기획, 고된 노력, 그리고 분석적 사고의 결과를 세상 사람들에게(혹은 과학 전람회에 나온 다른 참가들에게) 어떻게 보여 줄 것인가? 과학 포스터를 만들어 보라. 포스터로 자신의 실험 결과를 발표하게 되면 몇 가지 좋은 점이 있다. 아이들이 청중 앞에서 성공적인 실연實演을 하지 않아도 된다. 또한 포스터에 실험의 중요한 결과들을 잘 정리해 놓았기 때문에, 포스터의 내용을 조금씩 보아가며 사람들에게 설명해 나갈 수 있다. 실험 결과나 결론을 이야기할 때에는, 포스터에 있는 그래프나 그림 혹은 사진을 동원할 수도 있다. 사람들이 포스터를 꼼꼼히 보기만 해도 전달하고자 하는 사실들을 모두 이해할 수 있고 필요한 질문을 유도해 낼 만큼 잘 구성되어 있어야 한다.

포스터에 무엇을 담아야 하는가?

1. **제목** 실험을 통해 답을 구하고자 했던 질문, 또는 실험에서 얻은 주요한 결론이 포스터의 제목이 될 수 있다("어느 눈썰매가 가장 빠른가?" 또는 "소서-워크스 눈썰매가 가장 빠르다").

2. **실험자들의 이름**

3. **요약문**(선택사항) 실험에 대해 간단히 요약하는 것이 쉬운 일은 아니다. 하지만 요약문은 사람들에게 실험의 내용을 빠르게 소개한다. 이런 간단한 형식을 이용해 보라. "질문: 어느 눈썰매가 가장 빠른가? 모델: 밑바닥이 가장 매끄럽기 때문에 소서-워크스 눈썰매가 가장 빠르다. 결론: 소서-워크스 눈썰매는 시험된 모든 조건 하에서 가장 빠른 눈썰매다."

4. **모델** 실험을 통해 시험하고자 설계된 모델에 관해 기술한다.

5. **방법** 실험의 일관성을 유지하기 위해 무엇을 고려했는지, 대조군은 어떤 것들인지를 포함하여 실험이 수행된 방식을 설명한다.

6. **결과** 그래프, 표, 사진, 그림을 포함한다. 모든 그림에는 그래프나 표 또는 사진이나 스케치 등을 통한 결론에 대해 설명하는 범례가 붙어야 한다.

7. **결론** 실험을 통해 배운 것을 죽 나열한다. 개별적인 결론들을 수數나 점을 써서 표기한다. 이 경우 크고 읽기 쉬운 글자체를 사용한다.

8. **감사의 말** 실험을 기획하거나 수행함에 있어 받은 특별한 도움이 있다면 포스터에 명기되어야 한다.

9. **진행 모습을 담은 실험 사진**(선택사항) 눈썰매를 타고 언덕을 내려가는 아이들, 콩 묘목을 측정하는 아이들, 더러운 양말을 준비하는 아이들을 찍은 사진은 포스터에 대한 사람들의 관심을 더해 준다.

포스터는 아이들이 쏟은 많은 노력과 생각의 완성물이다. 아이들은 그들의 노력에 대해 자부심을 가져야 하며, 이러한 자부심은 멋진 포스터에 반영될 수 있다. 확실해 해 두어야 할 것이 있다. 포스터 문안은 읽기 쉬워야 하며, 글씨는 멀리서도 읽을 수 있도록 충분히 크고 진하게 써야 한다. 그래프에는 분명하게 제목을 달아야 한다. 모든 그림에는 분명하게 쓰인 범례가 붙어야 한다. 포스터는 실험 모델, 방법, 결과, 결론을 완벽하게 설명해야 한다.

다음 할 일은 무엇인가?

과학적 질문에 대한 답은 종종 더 많은 질문으로 이어진다. **그림 1.1**에 그래프로 그려진 문제해결 방법problem-solving method은 순환형태다. '답 또는 결론'에서 뻗어 나온 화살표는 다시 '질문'으로 돌아간다. 과학적 과정이란 끝없는 소용돌이선이라고 하는 것이 아마 더 정확할지 모르겠다. 각각의 실험은 하나의 질문에 답하기 위해 설계된다. 하지만 그 답은 일정하게 새 질문들을 생성한다. 과학 과제들은 좀체 끝나는 법이 없다. 그것들은 진화하고 변화한다. 하지만 묻고 실험하고 배우고 또 질문하는 과정은 계속된다. 이처럼 질문하는 자세와 무한한 호기심은 학습과정의 핵심이며, 아이들이 그토록 과학자들을 좋아하는 이유다.

과학자에게 있어 다음 번 실험에 관해 생각하는 것은 과학적 방법의 가장 짜릿한 대목들 가운데 하나다. 이것은 추적의 묘미다. 마리 퀴리는 이렇게 말했다. "누군가 마무리 지어 놓은 일은 결코 우리 눈에 띄지 않는다. 누군가 반드시 해야 할 일들만 눈에 들어 올 뿐이다." 과학적 방법을 한 가지 문제에 적용하게 되면 틀림없이 더 많은 질문, 새로운 도전, 그리고 더 많은 실험으로 이어진다.

　　과학적 탐구에 열정적으로 빠져 있는 아이들은 실험을 수행하며 스스로 찾아낸 관심사항에 대해 추가적인 실험을 하고 싶어한다. 시간 계획 상 이러한 심층 실험을 수행할 여건이 허락되지 않을 수도 있지만, 하나의 과제를 종결짓는 일은 대단히 유용하다. 가능성 있는 미래의 실험을 놓고 벌이는 호기심 어린 난상토론만으로 만족스러울 수도 있지만, 구체적으로 추가적인 실험이 기획되고 수행될 수도 있다. 예컨대, 어떤 학생이 나서서 그가 가진 신형 붉은색 금속제 소서 눈썰매가 가벼운 붉은색 플라스틱제 소서 눈썰매만큼 빠르다며 한번 시험해 보자고 할 수도 있다. 이 경우, 두 눈썰매의 색과 형태는 같다. 하지만 금속제 눈썰매가 훨씬 무겁다. 콩 묘목 실험에서, 학생들은 전혀 싹이 트지 않은 콩에 도대체 무슨 일이 일어났는지 궁금해할 수 있다. 젖은 종이수건 위에 놓인 콩 대부분이 발아했다. 그런데 모래와 부엽토에서 솟아오르지 않은 콩에는 도대체 무슨 일이 발생했는가? 싹이 트지 않은 씨앗들을 상대로 '해부'를 해본 결과 그 씨앗들이 썩었다는 사실이 드러났다. 부엽토의 발아하지 않은 씨앗들은 엷은 녹색의 곰팡이로 자라났으며, 부드럽고 흐물흐물해졌다. 모래에서 발아하지 않은 씨앗들은 보라색을 띤 분홍색으로 변했으며 부드럽고 흐물흐물해졌다. 심은 씨앗 모두를 찾을 수는 없었다. 그것은 짐작컨대 3주간에 걸친 실험기간 중 썩어버렸기 때문일 것이다.

　　후속 실험은 복잡하거나 시간 소모적일 필요는 없다. 콩 해부에는 그 수행과 분석에 단지 몇 분만이 소요되었을 뿐이다. 전문적인 과학자와는 달리, 학생들은 다른 과목 공부를 희생시키면서까지 그들의 과학적 흥미를 추구할 수 없다. 하지만 간단한 실험이나 짧은 토론만으로도 그들의 호기심을 크게 북돋워 줄 수 있다.

데이터 이해를 위한 제안

1. 수치 데이터의 경우, 데이터의 점수 모두를 표시한다. 데이터 전수들이 평균치로 계산되어 표시되어 있지 않다면 어린아이들은 그들의 실험을 더 잘 이해할 것이다.

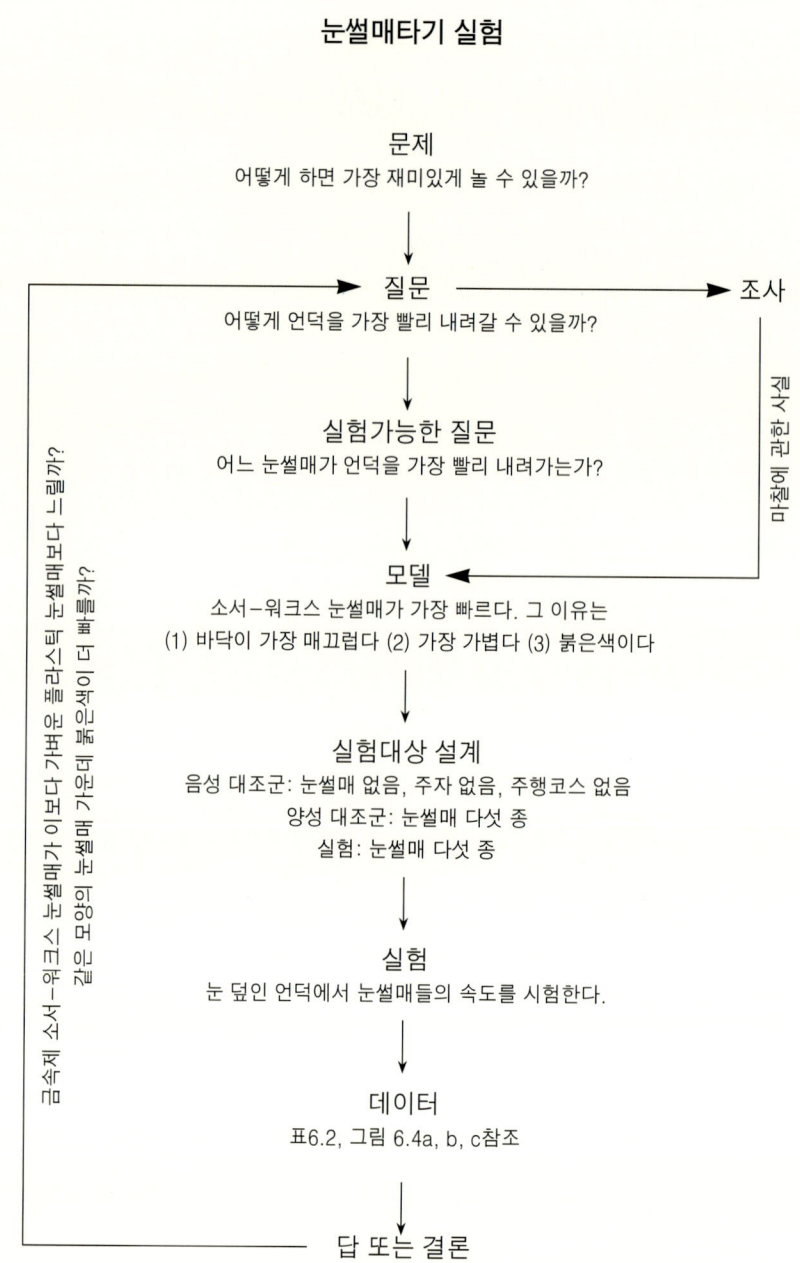

눈썰매타기 실험

문제
어떻게 하면 가장 재미있게 놀 수 있을까?

질문 ─────▶ **조사**
어떻게 언덕을 가장 빨리 내려갈 수 있을까?

마찰에 관한 서적 조사

실험가능한 질문
어느 눈썰매가 언덕을 가장 빨리 내려가는가?

모델
소서-워크스 눈썰매가 가장 빠르다. 그 이유는
(1) 바닥이 가장 매끄럽다 (2) 가장 가볍다 (3) 붉은색이다

실험대상 설계
음성 대조군: 눈썰매 없음, 주자 없음, 주행코스 없음
양성 대조군: 눈썰매 다섯 종
실험: 눈썰매 다섯 종

실험
눈 덮인 언덕에서 눈썰매들의 속도를 시험한다.

데이터
표6.2, 그림 6.4a, b, c참조

답 또는 결론
소서-워크스 눈썰매가 시험된 모든 조건 속에서 가장 빠르다.
가장 무거운 눈썰매(엘엘빈)가 가장 느리지 않다.
따라서 소서-워크스 눈썰매의 속도는 아마도 눈썰매의 매끄러운 바닥 때문인 것 같다.
이 실험에서 눈썰매의 색깔은 시험되지 않았다.

금속제 소서-워크스눈썰매가 이보다 가벼운 플라스틱 눈썰매보다 느릴까?
같은 무양이 눈썰매 가운데 붉은색이 더 빠를까?

그림 6.9. 눈썰매타기 실험의 순서도

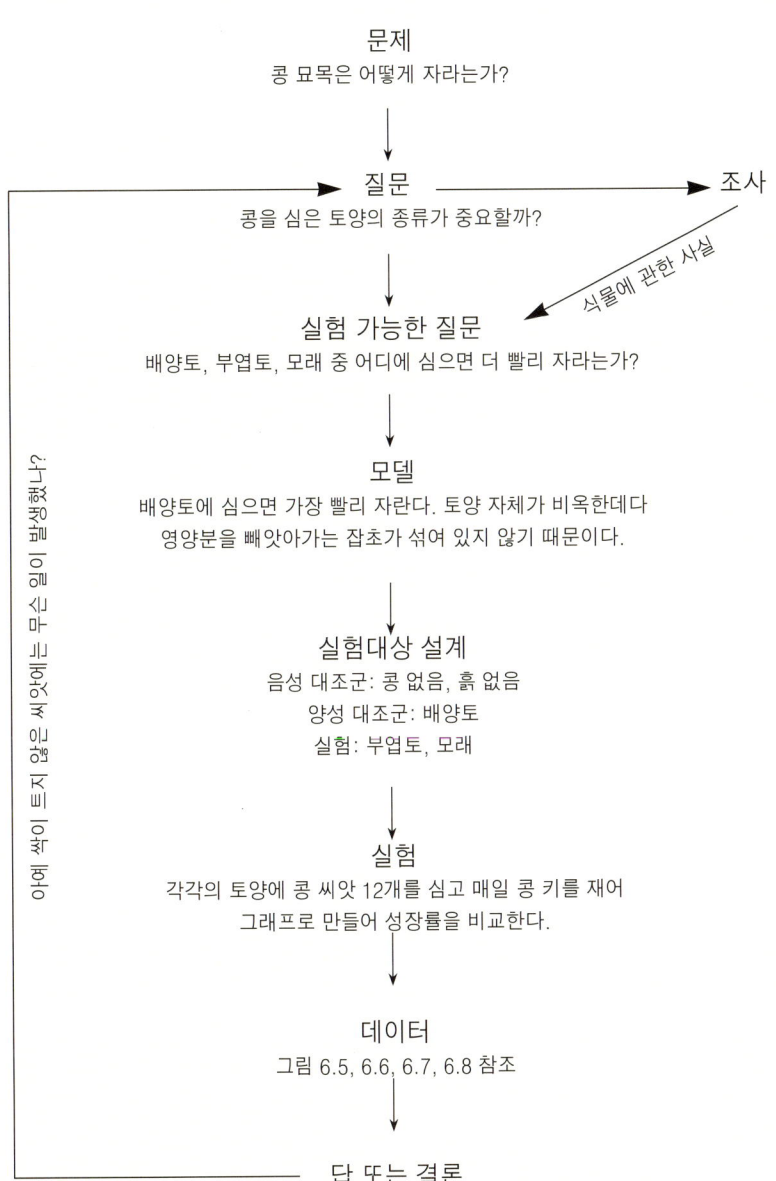

콩 묘목 실험

문제
콩 묘목은 어떻게 자라는가?

질문 ———————————→ 조사
콩을 심은 토양의 종류가 중요할까?

식물에 관한 사실

실험 가능한 질문
배양토, 부엽토, 모래 중 어디에 심으면 더 빨리 자라는가?

모델
배양토에 심으면 가장 빨리 자란다. 토양 자체가 비옥한데다
영양분을 빼앗아가는 잡초가 섞여 있지 않기 때문이다.

실험대상 설계
음성 대조군: 콩 없음, 흙 없음
양성 대조군: 배양토
실험: 부엽토, 모래

실험
각각의 토양에 콩 씨앗 12개를 심고 매일 콩 키를 재어
그래프로 만들어 성장률을 비교한다.

데이터
그림 6.5, 6.6, 6.7, 6.8 참조

아예 싹이 트지 않은 씨앗에는 무슨 일이 발생했나?

답 또는 결론
배양토가 콩 성장에 가장 좋다. 부엽토에 심은 씨앗도 배양토에 심은 씨앗과
비슷하게 자랐고 키도 비슷했지만 싹이 튼 씨앗은 적었다. 모래에 심은 씨앗의 성장은
아예 흙이 없는 상태의 씨앗 성장보다 빈약했다.

그림 6.10. 콩 묘목 실험 순서도

어떤 세제가 양말을 가장 잘 빠는가?

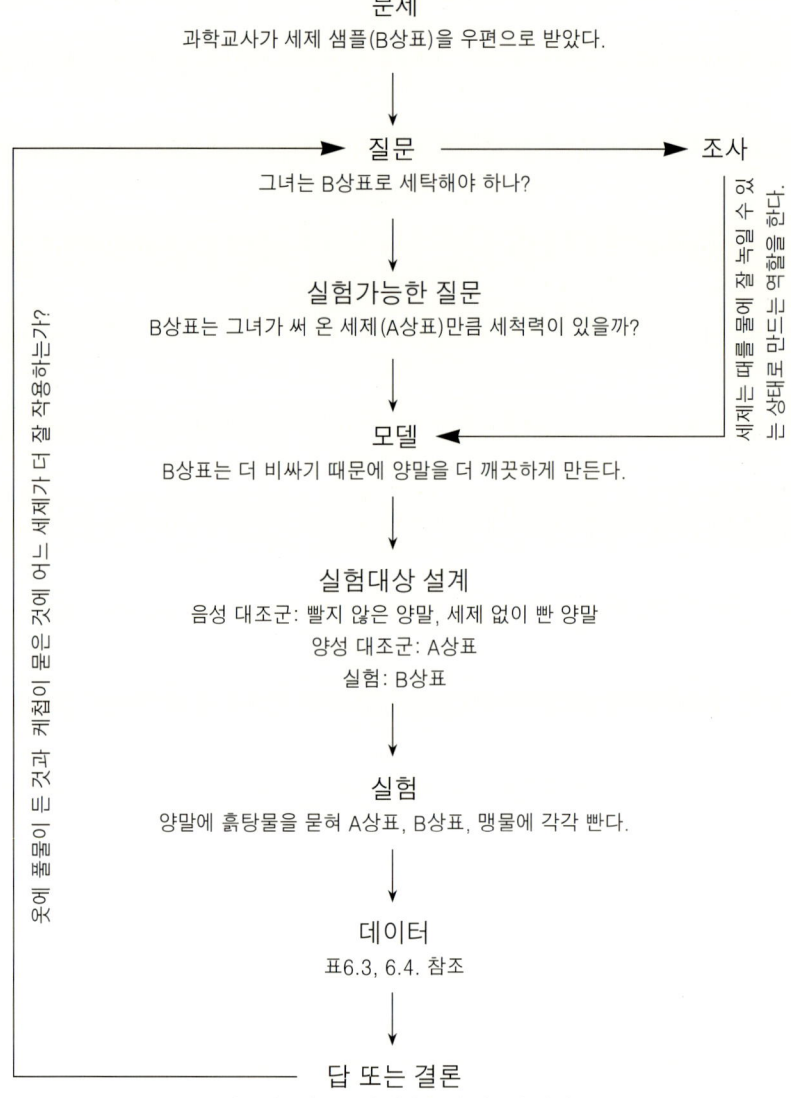

문제
과학교사가 세제 샘플(B상표)을 우편으로 받았다.

질문 → **조사**
그녀는 B상표로 세탁해야 하나?

실험가능한 질문
B상표는 그녀가 써 온 세제(A상표)만큼 세척력이 있을까?

모델
B상표는 더 비싸기 때문에 양말을 더 깨끗하게 만든다.

실험대상 설계
음성 대조군: 빨지 않은 양말, 세제 없이 빤 양말
양성 대조군: A상표
실험: B상표

실험
양말에 흙탕물을 묻혀 A상표, B상표, 맹물에 각각 빤다.

데이터
표6.3, 6.4. 참조

답 또는 결론
B상표가 A상표보다 양말을 더 깨끗이 빤다.

세제는 때를 물에 잘 녹일 수 있는 성태로 만드는 역할을 한다.

옷에 풀물이 든 것과 케첩이 묻은 것에 어느 세제가 더 잘 작용하는가?

그림 6.11. 양말 빨기 실험 순서도

2. 수치로 나타낼 수 없는 실험의 샘플들을 최대한 정직하게 분석한다. '눈먼blind' 분석이 유용할 수 있다.

3. 데이터 집합들이 서로 겹치는지 관찰한다. 중심부에서 삐져나온 점수를 설명할 논리적 근거가 있는가? 어떤 집합이 다른 집합들과 뚜렷하게 다른가?

4. 실험이 질문에 답했는가?

5. 예상하지 못했던 추가적인 정보를 데이터가 제공했는가?

6. 읽기 쉽고 짜임새 있으며 전달하고자 하는 내용을 꼼꼼하게 표현한 포스터를 준비한다.

7. 미래의 실험들이 표시되어 있는가?

과학에 대한 두뇌가동 접근법은 1장에서 그 윤곽이 소개되었으며 이어지는 장들에서 설명되었다. **그림 6.9, 6.10, 6.11**의 그래프들은 눈썰매타기, 콩 묘목, 양말 빨기 실험을 기획하고 수행하는 데 두뇌가동 방법이 어떻게 사용되었는지 보여 준다.

주

1 보통, y−축에 대하여 '종속 변수', x−축에 대하여 '독립 변수'라는 용어를 쓰기도 한다. y−축에 그려지는 측정치들은, 변화하는 실험 요소들에 종속되어 있기 때문이다.

2 컴퓨터 프로그램을 이용하여 그래프를 그리면 훨씬 쉽고 보기 좋은 그래프를 얻으며, 데이터를 다양한 모양으로 그려 나타낼 수 있기도 하다. 그러나 어린이들에게 컴퓨터로 그래프를 그리게 하려면, 그 그래프가 갖고 있는 의미에 대해 충분히 생각할 수 있는 시간을 갖도록 해주어야 한다. 컴퓨터를 사용하는 것이 머리로 생각하는 것을 대신해서는 안 된다.

Experiments

이 장에서 다루는 실험은 아이들이 던진 질문에 기초하고 있다. 각각의 실험은 두뇌가동 방법의 구체적인 개념을 뚜렷이 보여 주기 위해 선택되었다. "돈이 주변에서 가장 더러운 물건인가?"는 질문을 정제하고 명료하게 하는 방법을 보여 준다. "텔레비전 리모콘은 어떻게 작동하는가?"는 실험주제에 대해 미리 조사할 필요가 있는 경우이다. "왜 사과주스는 갈색인가?"는 실험 대조군의 중요성을 보여 준다. "꼬마 인형을 위한 낙하산을 어떻게 만드는가?"는 데이터 분석을 강조한다.

돈은 주변에서 가장 더러운 물건인가?

"돈은 주변에서 가장 더러운 물건인가?"라는 질문을 검토해 봅시다. 어떤 종류의 돈에 대해 우리는 이야기하고 있나요?

· 동전.
· 지폐.
· 신용카드.

자, 앞에서 든 것이 돈의 모든 형태입니다. 동전을 실험대상으로 삼아야 안전할 것 같군요. 실험 방법에 따라서는 지폐나 신용카드가 망가질 수도 있기 때문이지요. 그럼, 더럽다는 것은 무슨 뜻인가요?

· 때가 묻어 있는 것이요.

· 아니면, 세균이요.

좋아요. 그러니까 여러분들은 '더럽다' 는 것이 때가 묻어 있는 것일 수도 있고, 세균이 붙어 있다는 것을 의미할 수도 있다고 말하고 있어요. 그 두 가지 의미를 우리 실험에서 모두 탐구해 보고 싶은가요? 우리는 학급을 둘로 나눌 수 있어요. 때팀과 세균팀으로 나누어 보죠. 먼저 때에 대해 말해 봅시다. '주변에서 가장 더러운 물건' 이라고 했는데 어떤 뜻일까요? 무엇의 주변에서라는 거죠?

· 내 주변, 또는 우리 집 주변이요.

좋아요. 그렇다면 돈은 운동장 자갈보다 더 더러운가요?

· 아니요, 그런 것 같지는 않아요.

그럼 그것을 시험해 볼까요? 내가 먼저 운동장 자갈을 제안할게요. 다른 것들 중에서 돈보다 더 더러운 것이 무엇일까 말해 볼래요?

· 연못에서 건진 막대기요.

· 내 신발 바닥이요.

· 죽은 생쥐.

· 에이, 끔찍해!

여기에 내가, '운동장 자갈, 연못에서 건진 막대기, 켈리 신발의 바닥, 죽은 생쥐' 라고 썼어요. 더 하고 싶은 말이 있나요?

· 죽은 생쥐는 끔찍해요.

· 도대체 어디에서 죽은 생쥐를 구하나요?

· 모르겠다. 어디엔가 있겠지.

나는 위생상 죽은 생쥐를 대상으로 실험할 수는 없다고 생각해요. 다른 제안들에 대해서는 뭔가 할 말이 있나요? 없어요? 좋아요. 그럼 시험을 해봅시다. 어떤 것이 얼마나 더러운지 어떻게 분간할까요?

· 물로 씻고 나서 깨끗해지는지 살펴봐요.

· 그렇게 하면 깨끗하게 된 것들만 남잖아요. 그러면 씻기 전에 그것들이 얼마나 더러웠는지 알 수가 없을 거예요.

· 물에 얼마나 많은 때가 씻겨 나오는지 관찰해 볼 수 있겠네요.
· 그 물건들을 씻은 물들을 비교해 보면, 어느 것이 가장 더러운지 알
  수 있을 것 같아요.

씻은 물이 가장 더러운지는 어떻게 분별할 수 있을까요?

· 물을 들여다보면서 어떤 물이 가장 더러운지 아니면 뿌옇게 보이는지
  관찰합니다.
· 때의 일부는 바닥으로 가라앉을 텐데요.

내 생각으로는, 씻은 물을 하얀 커피 필터에 통과시킨 다음 어느 커피 필터가 가장 더러운지 관찰해 보면 될 것 같아요.

· 그게 좋겠어요. 그런데 어떻게 그 물건들을 씻죠?
· 비눗물이 들어 있는 유리병 속에 물건들을 넣고 흔들 수 있어요.
· 내 신발은 유리병에 들어가지 않는데.
· 네 신발을 씻을 때에만 개수통을 이용하면 돼!

그러면 먼저 우리는 필요한 더러운 물건들, 즉 동전, 자갈, 막대기, 신발을 전부 모아야 합니다. 그러고는 비눗물이 들어 있는 유리병 속에 물건들을 넣고 흔들겁니다. 씻은 물을 커피 필터를 통해 거르고 나면, 필터들을 비교해서 어느 것이 가장 더러웠는지 관찰할 수 있을 거예요. 실험의 일관성을 유지하려면 어떻게 해야 할지 아이디어가 있나요?

· 어떤 물건이든 씻을 때에는 같은 양의 물을 사용해야 합니다.
· 모든 물건에 대해 같은 종류의 비누를 같은 양만큼 사용해야 합니다.
· 모든 물건을 씻는 정도가 같아야 합니다.
· 네 말은 같은 시간 동안 씻어야 한다는 말이지. 그렇다면 모든 물건을
  물속에 넣고 같은 시간만큼만 흔들어 주면 될 거야.

좋은 생각입니다. 또 할 말이 있나요?

· 신발은 다른 물건들보다 커서, 때가 더 많을 수 있잖아요.

그것에 대해서는 미처 생각하지 못했네요. 물건의 크기에 관해 일관성을 기할 필요가 있을까요?

· 신발의 크기를 어떻게 줄인다는 말이야?

· 신발의 일부만을 씻을 수도 있어요.

· 어떻게 그렇게 할 수 있어?

· 신발코나 뒤축만 씻으면 되잖아요.

· 하이힐을 이용하면 어떨까요. 하이힐은 신발 뒤축만 따로 씻기가 편하잖아요.

· 연못 막대기도 동전 크기만한 것으로 찾을 필요가 있어요.

좋은 생각이에요! 그럼, 이 실험에 필요한 대조군들은 어떤 것일까요?

· 묵묵부답.

썰매타기 실험에서 양성 대조군이란, '분명한 효과를 나타낼 것이라고 알고 있는 어떤 것'이었음을 기억하나요? 그렇다면 무엇이 씻은 물을 가장 더럽게 만들까요?

· 그냥 흙을 물에 풀어서 양성 대조군으로 하면 어떨까요? 물에 흙덩어리 하나를 집어넣은 뒤 그것을 걸러볼 수 있지요.

아주 좋아요. 이제, 음성 대조군을 한번 떠올려 볼 사람? 음성 대조군이란 '효과가 전혀 없을 것이라고 생각할 수 있는 어떤 것'이죠. 썰매타기 실험을 한번 떠올려 봐요. 썰매가 없거나, 썰매 타는 사람이 없거나, 썰매길이 없는 것이 음성 대조군이었지요. 우리가 관찰하는 것들이 실험의 결과로 만들어진 것이라고 확신하려면, 무엇이 빠지도록 해야 할까요?

· 더러운 때만 없애면 돼요. 비눗물만을 걸러보면 될 것 같아요.

대단히 잘했어요. 이 학급은 실험 대조군의 중요성에 대해 잘 알고 있네요. 이제 세균으로 넘어가 보죠. 돈에는 다른 물건들보다 세균이 더 많을까요?

· 사람은 세균을 볼 수 없는데, 돈에 세균이 있는지 없는지 어떻게 알 수 있어요?

· 현미경으로 동전을 관찰해 세균을 찾아보면 돼.

· 우리는 현미경이 없는데.

· 도대체 세균은 어떻게 생겼는데?

어려운 문제죠. 그래서 세균에 대해서는 내가 생각해 둔 게 있어요. 맨눈으로 세균 한 마리 한 마리를 볼 수는 없어요. 그런데 세균의 수가 아주 많아져서 콜로니

colony라는 세균덩어리가 되면, 맨눈으로도 볼 수 있어요. 빵에 생기는 녹색이나 검은색 곰팡이 콜로니, 또는 치즈에 생긴 흰곰팡이 콜로니를 본 사람 있나요? 동전에 붙은 미생물이 눈에 보일 정도의 콜로니를 형성할 때까지 증식시키는 방법으로, 동전에 미생물이 있는지 없는지 확인해 볼 수 있어요. 내가 학교에 다닐 때, 우리는 굳힌 배양액이 담긴 배양접시에서 미생물을 길렀어요. 그 굳힌 배양액은 마치 갈색 젤로(과즙 젤리 과자-역주)처럼 생겼어요. 배양액을 담은 배양접시라는 것은 키가 낮고 동그란 플라스틱 그릇인데, 공기 중에 떠다니던 다른 미생물이 가라앉아 실험을 망치지 않도록 덮어 주는 뚜껑이 하나씩 있죠. 우리는 이런 게 없어도 밀봉뚜껑이 있는 유리병canning jar을 배양접시로 이용하면 돼요. 굳힌 배양액 만드는 방법은 내가 잘 알고 있으니까, 집에서 그 배양액을 만들어 가져올 수 있어요. 그러면, 여러분은 돈이라든지 다른 물건들에 세균이 있는지 시험할 수 있게 되는 거죠. 어떤 물건들을 시험해 보고 싶나요?

· 제 혓바닥이요.
· 제 손가락이요.
· 신발 뒤축이요.
· 연못에서 건진 막대기요.
· 죽은 생쥐를 시험해 볼 수 없어서 참 아쉽네요.

내가 여기에, '동전, 저스틴의 혓바닥, 사라의 손가락, 신발 뒤축, 연못 막대기' 라고 적었어요. 다른 할 말 있나요?

· 그 신발은 이쪽저쪽 다 쓰이네.
· 그 신발은, 씻기 시험을 하기 전에 해요, 아니면 나중에 해요?
· 신발 한 짝은 씻기 시험에 쓰고, 다른 한 짝은 세균 실험에 써요.
· 저스틴은 정말로 그 갈색 젤로를 핥을 셈이야?

신발 한 짝을 씻고 남은 한 짝에 대해 세균 시험을 하자는 것은 아주 좋은 생각이에요. 그렇게 하면 흥미 있는 비교가 될 것 같아요. 저스틴은 굳힌 배양액을 핥을 필요가 없어요. 살균 처리된 이쑤시개를 혓바닥에 살짝 댄 다음에, 그 이쑤시개를 배양액에 문지르면 돼요. 그렇게 하면 세균이 배양액에 옮아가지요. 실제로, 모든 우리의 실험에서 배양액에 세균을 옮기기 위해서는 물건에 살짝 접촉만 해도 돼요. 신발에 붙은 미생물이 눈에 보이는 콜로니로 자라날 때까지는 시간이 걸리는데, 신발을 직접 배양액에 넣어야 한다면, 그 사이에 그 신발 주인은 어떻게 걸어다니겠어요? 자 이제, 실험의 일관성에 대해 생각해 보도록 하지요. 모든 배양접시를 같은 방식으로 만들기만 하면 아무런 문제가 없어요. 이 실험에서 우리는 어떤 대조군을 사용해야 하나요?

· 더러운 때를 제외시켰던 것처럼, 세균이 묻은 물건을 제외시키면 돼요.

좋은 생각이에요. 배양접시로 사용할 뚜껑 달린 유리병들 중에, 하나에는 배양액만 넣고 아무것도 묻히지 않은 상태에서 밀봉하면 돼요.

· 세균이 정말 내 혓바닥에서 나왔는지 어떻게 알아요? 세균이 이쑤시개에 붙어 있었을 수도 있잖아요?

음, 그렇다면 새 이쑤시개 하나를 첫번째 배양접시의 배양액에 묻히고, 다른 이쑤시개를 저스틴의 혓바닥에 접촉시킨 다음 두 번째 배양접시의 배양액에 묻히면 되겠네요. 그래 놓고 어느 배양접시가 더 많은 콜로니들을 형성하는지 보는 거죠. 그렇게 하면 우리가 사용하는 이쑤시개들이 제대로 살균되었는지 알 수 있어요. 양성 대조군을 한번 제안해 볼 사람? 세균 콜로니가 틀림없이 형성될 거라고 예상할 수 있는 게 무엇일까요?

· 배양액에 세균을 놓으면 양성 대조군이 될 같아요. 그런데 어디서 세균을 구하지요?

· 누군가가 배양액에다 대고 기침을 하면 되지.

· 그런데 만약 그 사람이 아프지 않다면 기침을 해도 세균이 나오지 않을 것 아냐.

배양액에다 대고 기침을 할 수도 있지만, 효모를 키워 보는 것이 좋을 거예요. 사람들이 빵을 구울 때 사용하는 효모 알지요? 이런 효모는 사람들에게 병을 일으키지는 않지만 균은 균이지요. 그러니까 우리는 배양액에 효모를 키울 수 있을 거예요. 이제 모델을 한번 적어 봅시다.

모델: 동전은 자갈이나 막대기, 신발 뒤축보다는 때가 덜 나올 것이다. 돈은 그냥 땅바닥에 두는 것이 아니라 지갑이나 주머니에 넣어 보관되기 때문이다. 세균은 동전, 혀, 막대기, 신발 모두에서 발견될 것이다. 이런 물건들 어느 것도 살균되지 않았기 때문이다.

굳힌 배양액을 만드는 방법(배양용기 24개를 만든다)[1]

당밀糖蜜 2.5테이블스푼　　　　　　엡섬소금(황산마그네슘) 1 티스푼
물 1컵　　　　　　　　　　　　　베이킹파우더 1테이블스푼
세탁용 전분 3테이블스푼　　　　　끓는 물 2컵
가미加味하지 않은 젤라틴 8봉지　뚜껑이 달린 유리병canning jar 250cc짜리 24개, 살균해 둔 것

당밀, 물, 세탁용 전분을 커다란 소스팬에 넣고 섞는다. 그 반죽에다 젤라틴을 뿌리고는 1분쯤 기다린다. 커다란 반죽용 그릇에 엡섬 소금과 베이킹파우더를 넣는다. 그 위에 끓는 물을 조금 붓고, 거품이 생기지 않을 때까지 젓는다. 남은 물을 천천히 조금씩 부으면서 거품이 없어질 때까지 저어 준다. 거품이 없어지면 이 걸죽한 액체를 젤라틴을 뿌려둔 소스팬에 부어 섞는다. 이제 소스팬에 열을 가해 끓인다. 계속 저어주면서 5분 정도 바글바글 끓인다. 이제 배양액이 만들어진 것이다.

미리 살균해 놓은 유리병에 배양액을 바닥에서 1 센티미터 약간 넘을 만큼 붓고, 곧바로 밀봉용 뚜껑으로 꽉 막아준다. 24개 유리병에 똑같은 요령으로 배양액을 부은 다음, 모두 냉장고에 넣어 유리병 속의 용액이 빨리 굳도록 한다. 굳기 전에 사용하면 안 된다. 이렇게 준비한 배양용기들은 하루 이틀 안에 사용해야 한다. 실험에 들어가기 전에는 이 배양용기들의 뚜껑을 열어서는 안 된다(유리병의 밑바닥에 생긴 하얀 침전물은 실험결과에 영향을 미치지 않는다).

배양액에 실험 대상물을 바르고 나면, 배양용기들을 섭씨 20도에서 24도 정도로 유지되는 공간에 넣어 둔다. 이보다 더 낮은 온도에서는 곰팡이나 박테리아가 잘 자라지 못하고, 더 높은 온도에서는 배양액이 녹을 수 있다.

뚜껑 달린 유리병canning jar, 이쑤시개, 핀셋을 살균하는 방법

뚜껑 달린 유리병을 물에 씻는다. 뚜껑 부분은 따로 분리하여 물이 담긴 냄비 속에 넣고 섭씨 80도 정도까지 열을 가한다. 뚜껑에는 실리콘 고무가 붙어 있으므로 삶아서는 안 된다. 유리병에 직접 열기가 닿으면 깨질 수 있으므로 냄비 안에 금속제 지지대를 넣은 뒤 그 위에 유리병을 올려놓아야 한다. 물을 냄비에 가득 채워 유리병이 완전히 물에 잠기도록 한다. 그런 다음 10분 동안 끓인다. 끓는 물속에서 몇 분간 가열살균시킨 집게를 사용해 유리병을 끄집어 낸 후, 병 속의 물을 비운다. 배양액을 유리병 속에 붓고 곧바로 뚜껑을 닫아 밀봉한다.

굳힌 배양액에 미생물을 접종하기 위해서는 살균된 이쑤시개가 필요하다. 핀셋은 미생물 접종 후에 배양액 위에 떨어진 부스러기들을 집어내는 데 쓰인다. 끓는 물속에 이쑤시개와 핀셋을 2~3분간 담가 두면 살균이 된다. 끓는 물에서 이것들을 꺼낼 때에는 미리 살균해 놓은 집게를 사용하거나, 미리 살균해 둔 금속제 거름망에 끓는 물과 함께 부을 수도 있다. 살균된 이쑤시개와 핀셋은 미리 살균한 빈 유리병 속에 넣고 살균된 뚜껑을 닫아 밀봉한다. 이것들을 공기와 접촉하도록 내버려 두면 살균된 상태를 유지할 수 없다.

미생물 작업

살균된 배양액은 사소한 실수로도 쉽게 오염되기 때문에, 준비 과정에서 세심한 주의를 기울여야 한다. 나는 살균을 위해 압력솥이나 전통적인 식품 통조림 방법을 권하지 않았다. 왜냐하면 이 실험의 방법을 되도록 단순화하고 싶었기 때문이다. 이렇게 하면 오염이 발생할지 모른다. 하지만 그렇더라도 실험 자체를 망치지는 않을 것이다. 음성 대조군들은 필수적이다. 왜냐하면 그것들은 세균 배양용 접시 위에서 관찰된 미생물의 성장이 실험방법에 의해 초래되었는지 아니면 공기 중의 곰팡이나 박테리아에 의해 이루어졌는지 분명히 해주기 때문이다. 이 실험에서 나는 음성 대조군 세 가지를 사용했다. 유리병 두 개는 세균이 있을 거라 예상되는 어떤 물체에도 접촉되지 않았다. 둘 중 하나는 내내 밀봉된 상태로 두었고, 다른 하나는 잠시 열었다가 닫아 두었다. 세 번째 음성 대조군은 살균된 이쑤시개를 배양액 표면에 문질러 둔 것인데, 이것은 이쑤시개의 살균상태를 시험한다. 세균이 붙어 있는 물체로 배양액을 문지르면 통상적으로 젤라틴의 표면에 흔적이 남는다. 만약 미생물이 오직 이 흔적 위에서만 성장한다면, 이 미생물이 배양액을 문지른 물체로부터 왔다고 생각할 수 있다. 배양액 표면의 다른 지점에서 발생한 곰팡이 콜로니들은, 공기 중 오염물질이 가라앉아 생긴 것이라 여기면 된다. 명심해야 할 것. 끓는 물로 살균하지 않는 한 살균된 것이란 아무것도 없다.

배양접시에서 자라는 미생물이 어떤 종류인지는 모른다. 따라서 아이들이 그 콜로니들을 함부로 접촉하게 해서는 안된다. 실험이 끝나면 유리병들을 단단히 밀봉한 다음 비닐봉지에 싸서 버려야 한다. 유리병들을 재활용하고 싶다면 뚜껑을 열고 유리병들을 끓는 물에 담아 5분간 끓여라. 유리병 주둥이까지 물에 잠기게 할 필요는 없다. 그런 다음 손으로 만져도 괜찮을 정도로까지 유리병들이 식으면 유리병 속 녹은 배양액을 다른 플라스틱 그릇에 붓고 그 그릇을 밀봉하여 버리면 된다. 유리병을 재활용하기 위해서는 무엇보다 먼저 유리병을 완벽하게 씻어야 한다. 내 경험에 비추어 말하자면, 곰팡이가 묻은 유리병을 씻는 일은 차라리 새 유리병을 사는 것보다 더 많은 수고가 드는 작업이었다.

결과

결과는 **표** 7.1, 7.2와 같다. 결과를 발표하면서 커피 필터와 유리병 사진을 곁들인다면 발표가 훨씬 돋보일 것이다.

표 7.1. 씻은 물을 거른 뒤 나타난 커피 필터의 상태

시도한 물건	필터의 상태
비눗물	깨끗함
동전	약 열 개의 작은 땟자국
자갈	얇게 깔린 때
막대기	조금 두껍게 깔린 때와 나무조각 몇 개
신발 뒤축	얇게 깔린 때
흙덩이	두껍게 깔린 때, 필터가 보이지 않음

표 7.2. 미생물 접종 사흘 후 배양액의 상태

시도한 방법	배양액의 상태
밀봉된 유리병	배양접시에서 미생물이 발견되지 않음
잠시 개봉한 유리병	가장자리에서 작은 황갈색 콜로니가 한 개 자라고 있음
동전	동전이 놓였던 자리에 작은 콜로니 여섯 개가 자라고 있음
살균된 이쑤시개	흰곰팡이가 유리병 벽을 따라 자라고 있지만, 이쑤시개로 긁은 자국에서는 어떤 콜로니도 자라고 있지 않음
혀에 문지른 살균된 이쑤시개	이쑤시개가 긁고 지나간 부분에서 하얀 콜로니들이 자람
손가락	손가락으로 눌러 살짝 들어간 부분에 흰곰팡이 콜로니 하나가 자람
신발	신발 뒤축이 누른 부분에 흰곰팡이 콜로니 열 개가 자람
막대기	막대기가 닿았던 네 곳 모두에서 흰곰팡이가 자라고 있음
기침	흰곰팡이 작은 콜로니 두 개가 배양액에서 자라고 있음
이스트*	황갈색 이스트가 이쑤시개로 긁은 자국만을 따라 자라고 있음

*이스트를 따뜻한 설탕물에 푼다. 이스트를 섞은 액체에 거품이 생기기 시작하면 이쑤시개를 액체에 담근다. 그런 다음 그 이쑤시개로 배양액에 미생물을 접종한다.

결과요약

1. 동전은 자갈, 막대기, 신발만큼 더럽지는 않다.
2. 동전, 손가락, 신발, 막대기, 혓바닥에는 세균이 있다.
3. 살균된 새 이쑤시개로부터는 어떤 미생물도 배양될 수 없다.
4. 공기 중에는 세균이 있다.

결론

1. 우리가 주변에서 볼 수 있는 물건 중에, 돈에 가장 많은 때가 묻어 있지는 않다. 자갈, 막대기, 신발에 때가 더 많다.
2. 돈에는 세균이 묻어 있다.
3. 커피필터의 때로써 실험에 사용된 물체들에 묻었던, 눈으로 볼 수 있는 때의 양을 알 수 있고, 배양액 위의 성장한 세균으로 물체에 세균이 묻어 있었는지를 알 수 있다.
4. 우리 눈에 보이지는 않지만, 수많은 물체에 세균은 묻어 있다.
5. 공기 중에도 세균이 있다. 단순히 유리병 뚜껑을 열어 두기만 해도, 공기 속의 곰팡이가 배양액에 가라앉아 콜로니로 자란다.

6. 배양액에 대고 기침을 한 뒤에 그 배양액 위에서 자란 콜로니들은, 기침으로 인해 생겼을 수도 있지만 공기 중의 곰팡이 때문에 생겼을 수도 있다.

7. 돈을 입에 넣는 것은 좋은 일이 아니다.

이 실험의 순서도는 **그림 7.1**에 나타나 있다.

이 실험을 기획한 가상의 아이들은 과학적 문제해결 기법problem-solving techniques의 두뇌가동 방법을 앞서 분명히 경험했다. 나는 과학적 재능이 뛰어난 아이들을 일부러 등장시켰는데, 그 이유는 그래야만 난상토론 과정을 최대한 간략하게 기록할 수 있기 때문이다. 하지만 '실제 생활'에서 부모와 교사들은 아이들이 실험의 일관성과 과학적 대조군을 이해할 때까지 더 많은 실마리, 유도질문, 그리고 설명을 제공해야만 할 것이다. 두 가지 모두 바로 이해할 수 있는 개념이 아니지만, 두뇌가동 방법에 필수적인 것들이다.

행동에는 결과가 따르리라고 사람들은 기대한다. 관찰된 결과가 특정한 행위의 직접적인 결과임을 논리적으로 증명하는 능력이야말로 효과적인 문제해결의 열쇠다. 한 번에 하나의 변수에 대해서만 시험하는, 통제실험을 설계하는 방법을 배움으로써, 아이들은 원인과 결과 간의 관계를 증명하는 기술을 습득하며, 나아가 과학적 방법을 완전히 이해하게 되는 것이다.

TV 리모콘은 어떻게 작동하는가?

이 질문에 대한 내 첫 반응은 "배터리가 새것이면 잘 작동한다" 정도였다. 미리 연구를 할 필요가 있는 주제이다.

리모콘은 TV와 선으로 연결되어 있지 않다. 그런데 어떻게 리모콘의 버튼을 누르면 TV 화면이 바뀌는가? 채널 변환기의 버튼을 누르면 변환기로부터 펄스 모양의 광파가 송출된다. 각각의 버튼에는 고유한 부호가 정해져 있다. TV에 달려 있는 센서가 펄스 모양의 광파를 감지하여 그것에 담긴 부호를 전기신호로 바꾸면, 그 전기신호는 채널을 바꾸거나 음량을 조절한다. 그 과정은 실로 순식간에 이루어진다. 리모콘에서 나오는 광선은 우리 눈에 보이지 않는다. 적외선 혹은 IR광선이라고도 부르는 특수한 빛이기 때문이다. 적외선의 파장은 사람이 볼 수 있는 빛인 가시광선의 파장보다 길다. 무지개나 분광 스펙트럼을 떠올려 보라. 가시광선의 빨주노초파남보 중, 보랏빛은 파장이 가

돈은 가장 더러운 물건인가?

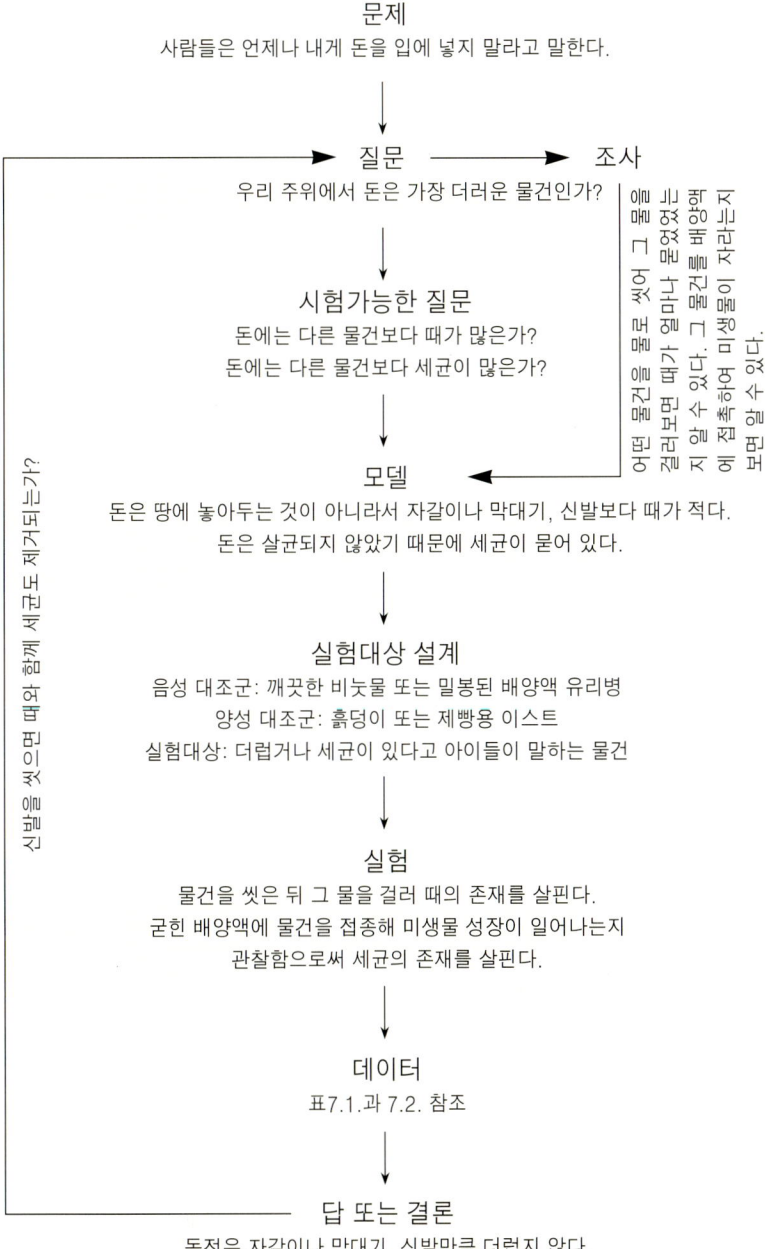

문제

사람들은 언제나 내게 돈을 입에 넣지 말라고 말한다.

질문 ⟶ **조사**

우리 주위에서 돈은 가장 더러운 물건인가?

그 물건을 물로 씻어 어떤 물건을 빼가 열을 멎었음을 묻어 있음을 밝혀낼 수 있다. 그 물건을 밝혀냄
지 할 수 있다. 그 물건을 밝혀냄향
에 접촉하여 미생물이 자라는지
면 알 수 있다.

시험가능한 질문

돈에는 다른 물건보다 때가 많은가?
돈에는 다른 물건보다 세균이 많은가?

모델

돈은 땅에 놓아두는 것이 아니라서 자갈이나 막대기, 신발보다 때가 적다.
돈은 살균되지 않았기 때문에 세균이 묻어 있다.

실험대상 설계

음성 대조군: 깨끗한 비눗물 또는 밀봉된 배양액 유리병
양성 대조군: 흙덩이 또는 제빵용 이스트
실험대상: 더럽거나 세균이 있다고 아이들이 말하는 물건

실험

물건을 씻은 뒤 그 물을 걸러 때의 존재를 살핀다.
굳힌 배양액에 물건을 접종해 미생물 성장이 일어나는지
관찰함으로써 세균의 존재를 살핀다.

데이터

표7.1.과 7.2. 참조

답 또는 결론

동전은 자갈이나 막대기, 신발만큼 더럽지 않다.
동전, 손가락, 신발, 막대기, 혓바닥에는 세균이 있다.

신발을 씻으면 맨어 함께 세균도 제거되는가?

그림 7.1. 때와 세균 실험 순서도

장 짧고 빨간빛은 가장 긴 파장을 갖는다. 빨간빛보다 파장이 더 길어지면 사람 눈에는 더 이상 보이지 않게 되는데, 이렇게 빨강赤의 바깥外에 있는 광선光線이라는 뜻으로 적외선赤外線이라 부르는 것이다. 오즈의 마법사에서 도로시가 부르는 노래 가사처럼 '무지개 너머 어딘가에somewhere over the rainbow' 있는 것이다.

　　전기 또는 전자에 관한 실험을 할 때마다, 나는 양성 대조군을 먼저 사용하곤 한다. 리모콘을 TV 쪽으로 겨눈 채 버튼을 누르고 반응을 관찰한다. 원하는 대로 동작이 되는가? 실험을 제대로 수행하기 위해서는 리모콘과 텔레비전이 반드시 제대로 작동하고 있어야 하는 것이다.

　　이 실험에서는 음성 대조군 역시 쉽게 보여 줄 수 있는 것이다. 가시광선은 훌륭한 '비非적외선' 대조군이다. 사람이 적외선을 볼 수 없는 것과 마찬가

지로, TV의 센서는 가시광선을 '볼' 수 없기 때문이다. 만약 TV의 센서가 가시광선을 감지할 수 있다면, 햇빛이나 전등불빛이 리모콘에 간섭을 일으킬 수도 있다. 또한 손전등에서 나오는 빛은 부호화된 펄스 모양이 아니다. 가시광선을 음성 대조군으로 사용하는 것은 실험자로 하여금 빛이 어디로 가는지 관찰하게 해준다. 보통 집에서 쓰는 손전등을 켜서 그 불빛을 TV에 비춰 보라. 텔레비전은 절대 반응하지 않을 것이다. 하지만 어두운 방 안에서 손전등 불빛은 눈에 보일 것이다. 이 실험을 리모콘을 가지고 해보자. 리모콘의 위치와 방향을 손전등이 향했던 그 위치와 방향으로 하고서 말이다. 적외선은 눈에 보이지 않지만, 손전등의 불빛이 비추었던 바로 그 경로를 비추고 있을 것이다.

　　리모콘에서 나오는 적외선이 손전등에서 나오는 가시광선처럼 뻗어 나가는가? 아이들과의 난상토론에서는 다음과 같은 질문들이 쏟아질 법하다.

  · 손전등 불빛은 책으로 가릴 수 있다. 그렇다면 책으로 리모콘 광선도
    차단할 수 있을까?
  · 손전등 불빛은 투명한 플라스틱이나 유리를 통과할 수 있다. 리모콘
    광선도 유리나 투명 플라스틱을 통과할 수 있을까?
  · 리모콘 광선이 TV에 닿아야만 동작하는가? 거리는 얼마나 멀리까지

가능한가? (적외선 센서는 대개 텔레비전이나 VCR의 앞쪽에 붙어 있다.)

· 손전등이나 리모콘의 광선은 거울에 반사된 후 텔레비전에 도달할 수 있는가?

모델: 리모콘에서 나오는 적외선은 손전등의 가시광선처럼 뻗어 나갈 것이다.

표 7.3. 가시광선과 적외선 실험

방법	가시광선 탐지(손전등)	적외선 탐지(리모콘)
TV를 겨냥	TV에 광선	TV 켜짐
		TV 안 켜짐
책으로 차단	책에 광선	TV 안 켜짐
투명 플라스틱 통과	TV에 광선	TV 켜짐
천장을 겨냥	천장에 광선	TV 켜짐
바닥을 겨냥	바닥에 광선	TV 켜짐
TV를 마주보는 벽을 겨냥	벽에 광선	TV 켜짐
유리창을 겨냥	커튼에 광선	TV 안 켜짐
유리창 앞에 놓인 거울을 겨냥	TV에 광선	TV 켜짐

가시광선의 탐지는 손전등에서 나온 빛의 밝고 둥근 원을 관찰하는 것으로 가능했다. 적외선의 탐지는 리모콘으로 텔레비전을 켤 수 있느냐 여부를 관찰하는 것으로 가능했다.

방 안의 어느 위치에서도 리모콘으로 텔레비전을 켤 수 있었다. 마찬가지로, 매우 어두운 방 안에서 어떤 방향으로 손전등을 비추어도 텔레비전을 눈으로 볼 수 있었다. 이렇게 손전등 빛을 이용하면, 가시광선 빔이든 적외선 빔이든 광선 빔은 벽이나 바닥, 천장에서 반사되어 텔레비전에 닿을 수 있다는 것을 보여 줄 수 있었다.

리모콘으로 텔레비전을 켤 수 있었던 위치와 켤 수 없었던 위치들을 그림 7.2에 정리했다. 종이 한 장을 파이프 모양으로 말아서 리모콘에 씌우면 적외선 빔이 집속되었다. 종이파이프를 씌운 상태에서는 리모콘을 텔레비전 쪽으로 더 잘 겨냥해야만 텔레비전을 켤 수 있었다.

결론

1. 리모콘에서 나오는 적외선은 손전등의 가시광선처럼 뻗어 나간다.

2. 적외선은 벽이나 천장, 심지어 카펫에서도 반사하여 텔레비전의 센서에 닿는다.

3. 리모콘을 유리창 쪽으로 겨누자 텔레비전이 켜지지 않았다. 왜냐하면 적외선이 유리에 반사되어 TV로 돌아온 것이 아니라 유리를 통과해 버렸기 때문이다.

4. 유리창 앞 쪽에 거울을 놓아두면, 적외선이 거울에 반사되어 TV에 도달한다.

리모콘 실험의 순서도는 **그림 7.3**에 나타냈다.

이 실험을 시작할 당시 나는 텔레비전 리모콘에 대해 아는 것이 거의 없었다. 게다가 어느 유치원생의 질문이 내 호기심을 자극하기 전까지만 해도 나는 그것에 대해 생각조차 해본 적이 없었다. 과학적 방법이란 세상에 대해 배울 수 있는 하나의 길이다. 이 실험에서 과학적 방법은, 내가 전혀 알지 못하던 어떤 주제에 흥미를 느끼게 해주었고, 알 수 있게, 더 나아가 이해할 수 있게 해 주었다. 어른이 과학에서 뭔가를 배우는 것을 보는 아이들은 어른과 과학 모두를 더 높이 평가하게 된다. 답을 전부 알고 있는 사람은 아무도 없

그림 7.2. 리모콘 작동 위치

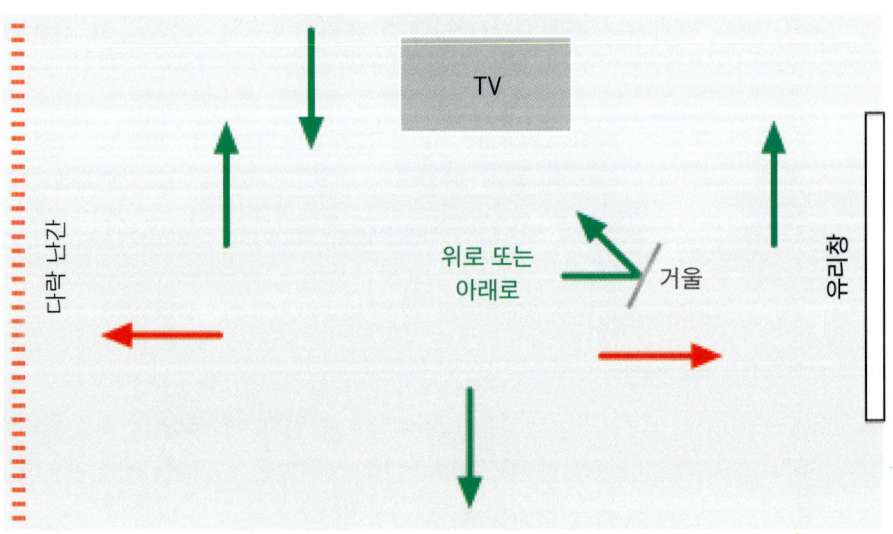

녹색 화살표는 TV가 켜지는 리모콘의 위치를,
붉은색 화살표는 TV가 켜지지 않는 리모콘의 위치를 각각 가리킨다.

리모콘은 어떻게 TV에 작동하는가?

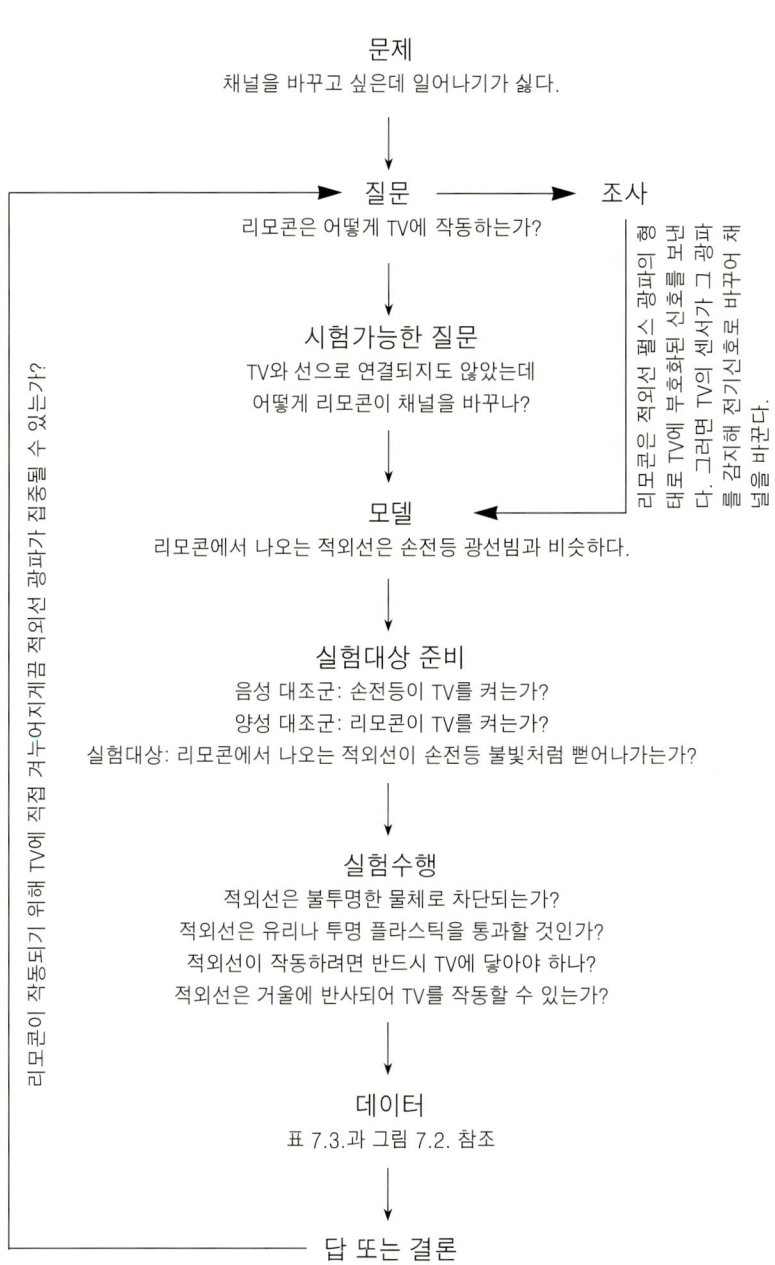

문제
채널을 바꾸고 싶은데 일어나기가 싫다.

질문 ────→ **조사**
리모콘은 어떻게 TV에 작동하는가?

리모콘은 적외선 신호를 내보내는 데 따른 TV에 부호화된 신호를 보낸다. 그러면 TV의 센서가 그 광파를 감지해 전기신호로 바꾸어 채널을 바꾼다.

시험가능한 질문
TV와 선으로 연결되지도 않았는데
어떻게 리모콘이 채널을 바꾸나?

모델
리모콘에서 나오는 적외선은 손전등 광선빔과 비슷하다.

실험대상 준비
음성 대조군: 손전등이 TV를 켜는가?
양성 대조군: 리모콘이 TV를 켜는가?
실험대상: 리모콘에서 나오는 적외선이 손전등 불빛처럼 뻗어나가는가?

실험수행
적외선은 불투명한 물체로 차단되는가?
적외선은 유리나 투명 플라스틱을 통과할 것인가?
적외선이 작동하려면 반드시 TV에 닿아야 하나?
적외선은 거울에 반사되어 TV를 작동할 수 있는가?

데이터
표 7.3.과 그림 7.2. 참조

답 또는 결론
리모콘에서 나오는 적외선은 가시광선과 대단히 비슷하게 뻗어 나간다.

리모콘이 작동되기 위해 TV에 직접 겨누어지게끔 적외선 광파가 집중될 수 있는가?

그림 7.3. 리모콘 실험 순서도

다. 하지만 두뇌가동 방법은 아이들과 어른들이 탐구의 동반자가 되도록 해준다.

눈에 보이지 않는 광선이란 개념은 다소 황당하다. 이 실험은 리모콘에서 방출된 신비한 적외선이 보통의 손전등에서 나온 빛과 대단히 비슷하게 움직인다는 사실을 보여 준다. '보는 것이 믿는 것'이기 때문에, 손전등 빛은 보이지 않는 적외선 신호의 경로를 보여 주기 위해 사용되었다. 가시광선과 적외선 모두 유리를 통과할 수 있고, 불투명한 물체에 의해 차단되며, 거울에 반사된다는 사실로부터 텔레비전 리모콘의 신비가 조금 밝혀졌다.

이 장章의 처음 두 가지 실험은 과학의 기본적인 도전을 다룬다. 어떻게 과학자들은 보이지 않는 미생물이나 물체 또는 현상을 찾아내고 관찰하고 측정하는 것일까? 시각은 사람에게 가장 중요한 감각이다. 하지만 과학의 많은 부분들이 맨눈으로는 보이지 않는다. 세균 실험에서, 박테리아 한 마리 또는 곰팡이 세포 한 개를 맨눈으로 볼 수는 없다. 따라서 미생물을 증식하여 수십억 개의 세포 덩어리인 콜로니를 형성하도록 한 것이다. 이들 콜로니는 맨눈으로 볼 수 있을 만큼 충분히 크다. 리모콘 실험에서, 손전등 광선의 빔은 적외선 빔의 경로를 짐작하는 데 사용되었다. 두 실험 모두 시도해 보지 않았다면 신기하게만 여겼을 것들을, 그다지 어렵지도 않은 기법을 사용해서 명확히 밝혀냈다.

사과주스는 왜 갈색인가?

큰아들이 속한 초등 1학년 학급 아이들과 함께 과학실험을 할 기회가 있었다. 아이들이 실험을 기획하고 수행하는 것을 도와주라고 한 시간짜리 2회를 배정

받았다. 하지만 아이들이 실험주제에 관해 스스로 조사하게 할 시간은 없었다. 그래서 하는 수 없이 아이들에게 어느 정도 '강의'를 해줄 수밖에 없었다. 내 주된 관심은 아이들을 생산적인 난상토론으로 끌어들이는 데 있었다. 하지만 나는 먼저 세포와 효소에 관한 배경지식을 제공했다. 나는 아이들이 이러한 정보를 죄다 흡수하리라고 지나치게 기대하지는 않았지만 우리가 하는 실험의 가장 기본적

인 원리는 알게 해주고 싶었다. 다음은 내가 아이들과 나눈 대화 내용이다.

사과주스가 어떻게 만들어지는지 아는 사람? 사과주스 공장을 방문해 본 사람이 있나요?
· 먼저 사과를 으깨요.
· 주스를 뽑아내요.
· 주스를 큰 병에 담아요.
· 사과주스 공장에 한 번 가 본 적이 있어요.

우리 실험에서는 으깨는 것이 매우 중요합니다. 사과를 다 먹고서 남는 속 부분이 어떻게 변하는지 살펴 본 사람 있나요?
· 갈색으로 물러지지요.

여기 사과 한 개가 있어요. 이 사과는 껍질을 벗기고 속살을 포크로 북북 긁어서 '으깨어' 놓은 것이죠. 껍질을 벗긴 사과를 으깨어 놓으면 어떤 일이 생깁니까? 으깬 사과 속살에 접촉하는 것은 무엇입니까?
· 공기.

그렇다면 우리는 공기가 사과를 갈색으로 변색시킨다는 가설을 세워볼 수 있어요. 과학자들은 수식을 만들기 좋아합니다. 과학에서 수식이라는 것은 일종의 문장이고, 수학 문제 같은 것이기도 합니다. 우리도 수식을 만들 수 있습니다.

흰색 사과 속살 + 공기 → 갈색 사과 속살

이것만으로는 뭔가 부족하지요. 사과를 으깨는 것에 대해 우리가 어떤 이야기를 했지요? 만약 사과가 약간이라도 으깨지지 않는다면 사과는 갈색으로 변하지 않을 겁니다. 이쯤에서 세포와 효소에 대해 설명해야 할 필요가 있겠네요. 모든 생물은 세포로 이루어져 있어요. 세포는 아주아주 작은 방입니다. 너무 작아 맨눈으로는 보이지 않지만, 현미경으로는 볼 수 있습니다. 과학자들이 현미경으로 세포를 관찰하고 있는 모습을 사진으로 본 적이 있지요? 과학자들은 일상적으로 세포를 관찰하곤 합니다. 세포는 빙이 여러 개 있는 작은 집과 같아요. 그 방들은 제각각 하는 일이 정해져 있어요. 어떤 방은 DNA를 보관하고, 어떤 방은 노폐물을 치워주고, 어떤 방은 에너지를 만들고, 또 어떤 방은 특정한 세포들을 위해 특정한 일들을 합니다. 그 집에도 방에도 모두 벽이 있습니다. 물은 그 벽들을 뚫고 지나갈 수 있지만, 다른 물질들이 집이나 방으로 들어가려면 특별한 출입문을 통과해야 하고 암호가 필요합니다. 이 작은 방들이 주로 하는 일은 물질들을 서로 격리시켜 놓는 것입니다.

자, 이제 효소에 대해 이야기해 봅시다. '효소'라는 단어는 뭔가 재미있게 느껴지지 않나요? 효소는 반응이 보다 빠르게 일어나게끔 하는 어떤 것들이죠. 이렇게 예를 들어볼까요? 여러분이 쓰고 있는 방에 어지럽게 인형들이 널려 있어 정리를 해야 하는데, 언젠가 어른이 되기 전에는 정리하겠지요. 그런데 어머니가 방에 들어와서, 방 정리를 마치기 전엔 친구 집에 놀러갈 수 없다고 말하신다면, 여러분은 아마 후닥닥 정리하고 말 겁니다. 이 경우, 어머니가 효소 역할을 하신 겁니다. 일을 보다 빨리 할 수 있게 만든 것이죠. 우리의 사과 실험에도 일을 보다 빨리 하게 만드는 효소가 개입되어 있습니다.

흰색 사과 속살 + 공기 + 효소 → 갈색 사과 속살

자르지 않은 사과에서는 사과껍질이 공기를 막아 줍니다. 그리고 효소는 사과를 갈색으로 변색시키는 물질과 서로 다른 방에 들어 있습니다. 사과가 으깨지면 집과 방들의 허물어집니다. 큰 크레인으로 건물을 부숴버리는 것과 비슷하지요. 그렇게 되면 공기와 효소가 사과를 갈색으로 변색시키는 물질과 접촉하게 되지요. 사과가 으깨지면 모든 것들이 막 섞여 버리는 거죠.

흰색 사과 속살(으깨진) + 공기 + 효소 → 갈색 사과 속살

그러므로 사과가 갈색으로 변하기 위해서는 세 가지 물질이 필요한 것입니다. 이 세 가지가 무엇 무엇인지 말해 볼 사람?
· 공기.
· 으깨진 사과.
· 효소.

사과주스가 만들어지면 그 속에는 이 세 가지가 모두 들어 있는 것입니다. 자 이제, 사과가 갈색으로 변하지 않게 하고 싶어요. 어떻게 하면 될까요?
· 사과를 자르지 말아야 합니다.
· 으깨지 말아야 합니다.

· 공기를 차단해야 합니다.

사과로부터 공기를 차단할 수 있는 방법을 아는 사람? 사과를 어디에 놓으면, 또는 사과에다 무엇을 씌우면 공기를 차단할 수 있을까요?[2]

　　나는 아이들의 제안들에 대해 옳다 그르다 판정을 내려 주지 않았다. 다만, 교실에는 냉장고가 없으므로 냉장고 실험을 쉽게 할 수 없다는 사실을 말했다. 또, 사과를 지구 밖의 외계에 두면 공기가 차단되겠지만, 교실에서는 실험해 볼 수 없는 가설이라고 말했다. 아래의 제안들이 도출되었고, 실험은 다음 날 수행되었다.

· 조단: 사과를 냉장고에 넣는다.
· 베키: 사과를 달 근처(외계)에 놓는다.
· 셰인: 공기를 뺀 비닐봉지 속에 사과를 넣는다.
· 패트릭: 사과를 알루미늄 호일 속에 넣는다.
· 에린: 사과를 두루마리 화장지로 싸 둔다.
· 그웬: 사과를 상자 속에 넣는다.
· 패트릭, 조단, 더스틴: 사과를 캐러멜로 코팅한다.
· 앤서니: 사과를 물속에 담근다.
· 루카스, 베키: 사과를 흙이나 모래 속에 넣는다.
· 샘: 사과를 문방풀로 코팅한다.
· 코리: 사과를 기름 속에 담근다.

내일 여러분들의 아이디어를 가지고 실험하겠습니다. 내일 아침에 여러분들이 제안한 물건들과 함께 사과를 많이 가지고 올테니까, 하나하나 확인해 봅시다. 어떤 방법이 사과를 갈색으로 변색시키지 않는지 알 수 있겠지요.
우리는 갈색, 황갈색, 크림색 등 다양한 색을 띤 사과 조각들을 보게 될 거예요. 그런데 우리 방법들이 얼마나 잘 효과를 발휘하는지는 어떻게 알 수 있을까요? 우리 방법이 그대로 두는 것보다는 낫다는 것을 어떻게 가려낼 수 있을까요? 예를 들어 사과 조각을 물에 담가 두면 공기 중에 두었을 때보다 갈색으로 덜 변한다는 사실을 어떻게 알 수 있을까요?

　　음성 대조군이라는 개념이 그다지 쉽게 떠오르는 것은 아니다. 아이들 어느 누구도, 아무런 처리가 되지 않은 사과 조각을 가지고 비교하자는 제안

표 7.4. 어떤 처리방법이 사과의 갈색화를 막는가?

학생	처리방법	잘라놓은 사과의 색깔 (음성 대조군)	실험한 사과의 색깔	새로 자른 사과의 색깔 (양성 대조군)
조던	비닐봉지	진함	더 진함[a]	밝음
패트릭	알루미늄호일	진함	중간~진함	밝음
에린	화장지	진함	중간	밝음
그웬	상자	진함	진함	밝음
더스틴	캐러멜	진함	밝음	밝음
앤서니	물	진함	중간~진함[b]	밝음
루카스	흙	중간[c]	중간	밝음
샘	문방풀	진함	밝음	밝음
코리	기름	진함	중간	밝음

a. 비닐봉지에 넣어 둔 사과는 잘라서 그냥 놓아 둔 사과보다 오히려 더 진하게 색이 변했다. 조던은 비닐봉지 속에 든 공기를 빼내려고 무진 애를 썼다. 그 과정에서 그는 아마도 사과조각을 꾹꾹 눌렀을 것이고, 그 때문에 사과 세포가 추가로 파괴되었을 것이다. 따라서 실험대상 사과는 그 음성 대조군보다 더 많이 '으깨진' 것이다.
b. 포크로 긁어 놓은 사과조각의 한쪽 부분은 밝은 색이었고 다른 쪽은 진한 색이었다.
c. 아무런 처리가 되지 않은 이 사과조각은 역시 아무런 처리를 하지 않은 다른 사과조각들에 비해 덜 진하게 변색되었다. 설명될 수 없는 이런 예외적 상황이 있기 때문에, 매 실험마다 별도의 음성 대조군을 준비해야하는 것이다.

을 하지 못했다. 그래서 하는 수 없이 내가 아이들에게 말해 주어야만 했다.

사과가 처음에 어떤 색이었는지 어떻게 알 수 있나요?

· 다른 사과 조각들을 관찰하기 직전에 사과를 자르면 됩니다.

이것들이 양성 대조군과 음성 대조군이다. 이것은 실험에서 가장 중요한 부분들 가운데 하나다. 최악의 상태와 최선의 상태를 알고 있지 않으면, 우리의 시도가 얼마나 효과적인지 판정하기가 어렵다.

첫날 수업에서 아이들은 대조군의 중요성에 대해 알지 못했지만, 실제 실험을 하면서 그 개념을 분명히 이해하게 되는 것 같았다. 실험결과를 분석할 때, 여러 가지 방법으로 처리된 사과조각들은, 방금 잘라낸 사과조각들의 밝은 색깔과 비교되었다. 그리고 각 실험용 사과조각을 준비할 때 동시에 잘라서, 포크로 북북 긁어, 아무런 처리도 하지 않았던 사과조각들의 색깔과도 비교되었다. 내가 아이들에게 이런저런 처리를 한 사과조각들을 대조군들과

사과주스는 왜 갈색인가?

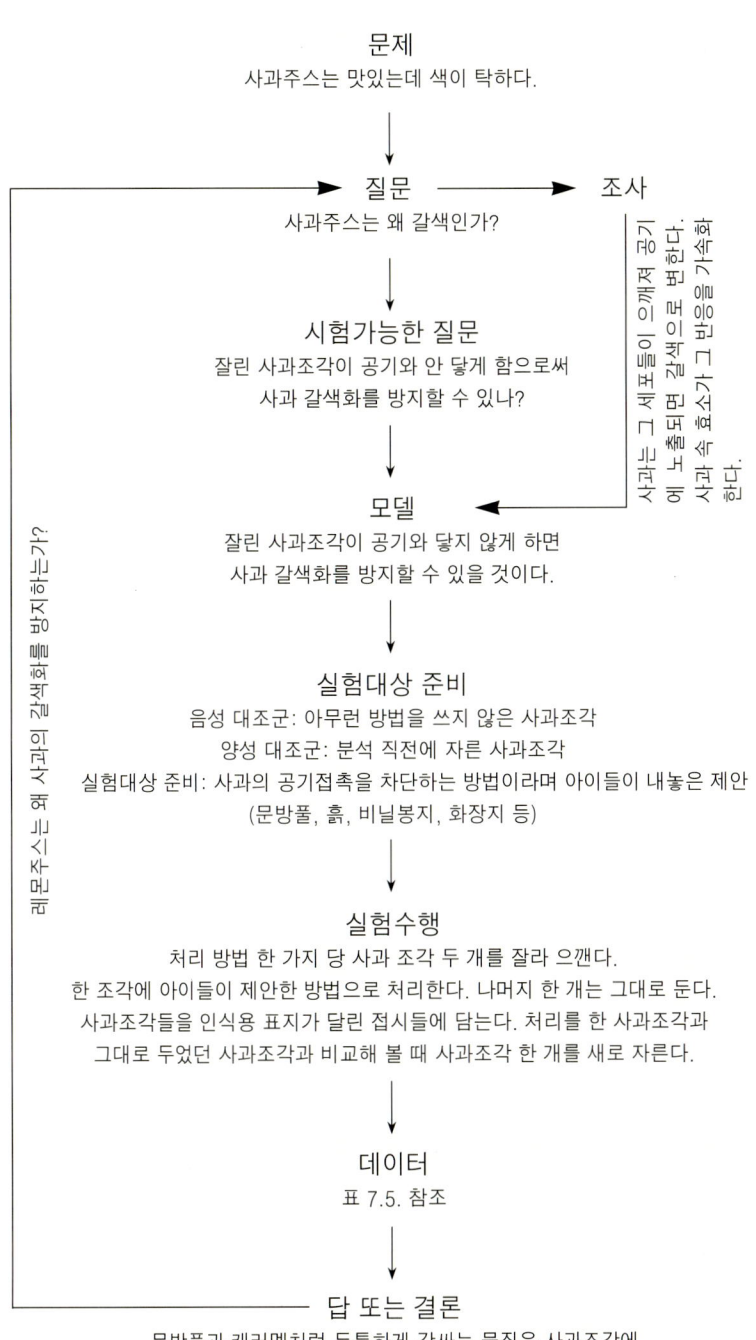

그림 7.4. 사과 갈색화 실험 순서도

비교하여 순위를 매겨 보라고 하자, 그제서야 비로소 아이들은 양성 및 음성 대조군의 필요성을 이해하는 것 같았다.

이 실험은 사과의 갈색화를 방지하는 방법을 알아내기 위한 목적으로 설계되었다. 따라서 양성 대조군, 즉 갈색으로 변하지 않을 거라고 확신할 수 있는 경우는, 사과조각을 자른 즉시 관찰하는 것이다. 자르지 않은 사과에서는 갈색으로 변하는 물질이 공기와 접촉하는 것을 껍질이 막아 주고 있다는 것을 경험으로 알고 있다. 방금 자른 사과조각이 가장 밝은 색깔을 갖기 때문에, 양성 대조군으로 채택되는 것이다. 음성 대조군, 즉 가장 많이 변색될 것이라 예상되는 경우는, 일단 잘라서, 포크로 북북 긁어 놓고, 아무런 처리도 하지 않은 사과조각이다. 내가 경험했던 바로는, 포크로 북북 긁어 놓은 자국을 따라 진한 갈색 줄들이 만들어지곤 한다. 이렇게 아무런 처리도 하지 않은 음성 대조군이 가장 많이 변색될 것이며, 이것을 최악의 경우로 삼아 다른 데이터들을 비교할 것이다.

실험에 쓰인 사과 품종은 레드 딜리셔스Red Delicious였다. 나는 미리 다양한 사과 품종들을 가지고 갈색화 반응의 속도와 정도를 실험해 보았었다. 레드 딜리셔스 품종과 매킨토시Macintosh 품종은 이 실험에서 잘 반응했다. 그레이니 스미스Granny Smith 품종처럼 신맛이 나고 껍질이 녹색인 사과는 잘 변색하지 않았다. 농장이나 농산물 도매시장에서 산 사과가 수퍼마켓에서 산 사과보다 갈색화가 빠른 경향이 있었다. 사과 갈색화에 있어 가장 중요한 요인은 사과를 으깨는 것이다. 사과를 자르기만 해서는 갈색화가 그다지 많이 발생하지 않는다. 나는 세포가 확실하게 많이 파괴되어 효소가 갈색화를 일으키는 화학물질과 접촉하라고 각각의 사과조각 표면을 포크로 북북 긁었다. 이것은 또 다른 대조 실험을 가능하게 한다. 포크로 긁어서 생긴 자국을 따라 짙은 갈색 선들이 생기므로, 이 갈색 선들을 긁히지 않은 부분의 밝은 색깔과 비교해 볼 수 있다.

둘째 날, 나는 처리에 필요한 물건, 사과, 그리고 부속물들을 교실로 가져왔다. 그리고는 각각의 처리방법을 제안한 아이에게 두세 명으로 구성된 팀의 팀장 역할을 맡겼다. 학급 전원은 바닥에 둥글게 앉았으며, 팀은 자기들끼리 모여 앉았다. 우리는 제안된 처리방법들을 한 번에 하나씩 실행했다. 팀장이 처리(사과에 문방풀을 씌우기, 사과를 호일로 싸기 등등)를 수행했다. 각각의 팀을 위해 나는 사과조각 두 개씩을 잘라 포크로 긁어 주었다. 한 조각은 아이들에게 처리하라고 주었고, 나머지 하나는 음성 대조군으로 기능하게끔 놔두었다. 내가 사과조각을 잘라 포크로 긁어 주면, 아이들은 곧바로 처리를 할 수 있도록 했다. 모든 사과조각은, 사전에 인식용 표지를 붙여둔 플라스틱 접시들에 놓아 처리 과정을 쉽게 추적할 수 있도록 했다. 아홉 번째 처리가 이루어졌을 때, 첫 번째로 처리해 두었던 사과조각들이 갈색으로 변했다. 첫 번째 것들에 대한 결과를 평가하고 나서, 나머지들도 처리한 순서대로 결과를 평가해 나갔다. 처리 결과로 얻어진 사과조각은 음성 대조군(처리 없이 방치한 것)과 양성 대조군(방금 자른 것)에 비교되었다. 흙이나 캐러멜, 또 문방풀로 처리된 사과들은 미리 물로 씻은 다음 색깔을 보았다.

> **모델**: 문방풀과 캐러멜은 사과조각을 공기로부터 차단하는 데 가장 효과적일 것이다. 공기가 이들 물질이 형성한 두툼한 보호막을 뚫고 들어가기는 대단히 어렵기 때문이다. 또한, 비닐봉지 안에 있는 공기를 모두 빨아낼 수만 있다면, 비닐봉지도 사과 갈색화를 방지하는 효과적인 방법이 될 것이다.

문방풀이나 캐러멜처럼 두툼하고 진득진득한 물질이 사과로부터 공기를 차단하는 데 가장 효과적이라고 우리는 결론지었다. 물이나 기름, 그리고 알루미늄 호일은 조금 효과가 있었다. 나는 두루마리 화장지로 싸 두는 것이 의외로 효과적인 방법이라는 사실에 놀랐다. 마치 미라를 붕대로 싸듯, 사과조각을 두루마리 화장지로 돌돌 말아 놓은 것이다. **그림 7.4**는 사과 갈색화 실험의 순서다.

캐러멜과 물로 처리하는 것을 제외하면, 이 실험에서 시도한 방법들을 실생활에 적용할 수는 없다. 이 과학적 체험으로부터 아이들은 무엇을 배웠을까? 아이들은 세포와 효소의 생물학적 개념에 접할 수 있었고, 기체의 물리적 속성에 대해 처음 실험해 보았다. 가장 중요한 것으로, 아이들은 그들이 자신들만의 과학을 창조할 수 있다는 것을 발견했다. 난상토론 형식은, 아이들의 아이디어에는 가치가 있다는 생각을 확고하게 해주었다. 학생들은 이전에 습득한 지식을 현재의 문제에 적용하는 기회를 얻었다. 또한, 실험을 해보기 전에는 실험 결과가 어떻게 나올지 예측하기 쉽지 않다는 것도 배웠다. 아이들은 대조군이라는 것이 무엇인지 알게 되었고, 이것을 가지고 원인과 결과 간의 관계를 체계적으로 분석할 수 있게 되었다. 처리 결과들을 평가하면서, 자신들이 제안했던 아이디어가 어떠했는지를 판단하고, 결과 데이터로부터 결론을 도출하기도 했다. 사과조각에 문방풀을 씌운다든지 하는 처리방법이 바보 같아 보일지도 모르지만, 이런 아이디어를 통해 생물학이나 물리학에 대한 기초적인 이해를 도모한다. 이 꼬마 과학자들은 문제를 해결하는 체계적인 기술을 기르고 있는 중이다.

꼬마 인형을 위한 낙하산을 어떻게 만들까?

이런저런 궁리를 하고 나서, 가족 몇 사람이 낙하산을 설계하여 제작했
다. 그 디자인들은 **그림 7.5**에 나타나 있다. '제드Zed'는 갈색 종이 쇼핑백 바

닥 두 개를 나란히 붙여 만든 낙하산이다. 쇼핑백
의 가장자리를 접어 올리고 접착 테이프로 덧대어
튼튼하게 만든 다음, 가장자리 여섯 곳에 실을 꿰
어 늘어뜨리고, 아래쪽에서 한데 모아 그 끝에 고
무 밴드를 달았다. 그 고무 밴드에는 낙하산 승객,
즉 꼬마 인형을 태울 것이다. '화이트White'는 정
육점에서 고기를 포장할 때 쓰는 두꺼운 종이로 만
든 것이다. 가로세로 50센티미터인 정사각형모양
으로 자른 다음, 플라스틱 우유통을 잘라 만든 길
고 얇은 살대 두 개를 X자 모양으로 가운데에 덧대

어 튼튼하게 고정했다. 네 모서리에 실을 꿰어 늘어뜨리고, 아래쪽에서 한데
모아 그 끝에 승객용 고무 밴드를 달았다. '네이비Navy'와 '쿠카Cooca'는 디
자인이 서로 비슷하다. '네이비'는 일회용 종이접시와 220cc짜리 종이컵을
두 가닥의 실로 연결한 것이고, '쿠카'는 일회용 플라스틱 접시와 110cc짜리

표 7.5. 꼬마 낙하산의 낙하시간(단위: 초)

낙하산	1차	2차	3차	4차	5차	6차
낙하산 없음(음성 대조군)	0.70	0.71	0.80	0.64	0.81	0.79
'네이비'	0.93	0.78[a]	1.05	1.36	0.99	1.14
'쿠카'	1.15	1.14	1.20	1.27	1.13	1.09
'화이트'	2.15	1.95	2.16	1.36[b]	1.87	1.93
'더 램'	0.85	0.83	0.83	0.89	0.90	0.96
'제드'	1.69	1.80	1.70	1.72	1.39	1.56
탑승자 없는 '제드'[c]	1.66	1.71	1.80	1.61	1.65	1.71
'스피디' 두 개를 얹은 '제드'	1.41	1.30	1.40	1.59	1.46	1.46

a. 스피디가 빠져서 떨어졌다. b. 낙하산이 접혔다. c. 모든 경우에 낙하산이 뒤집혔다.

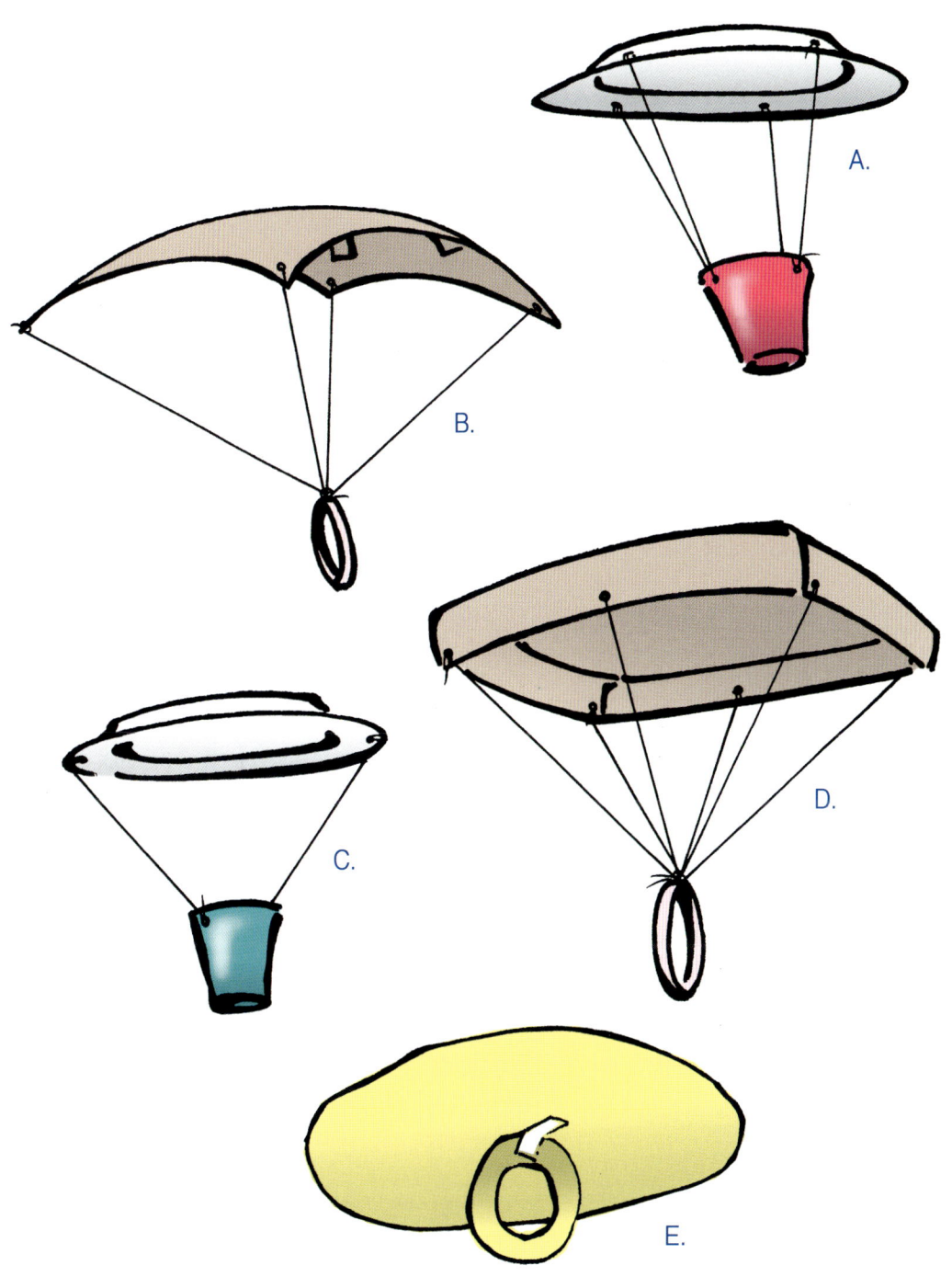

그림 7.5. 낙하산 모양   A. '쿠카' B. '화이트' C. '네이비' D. '제드' E. '더 램'

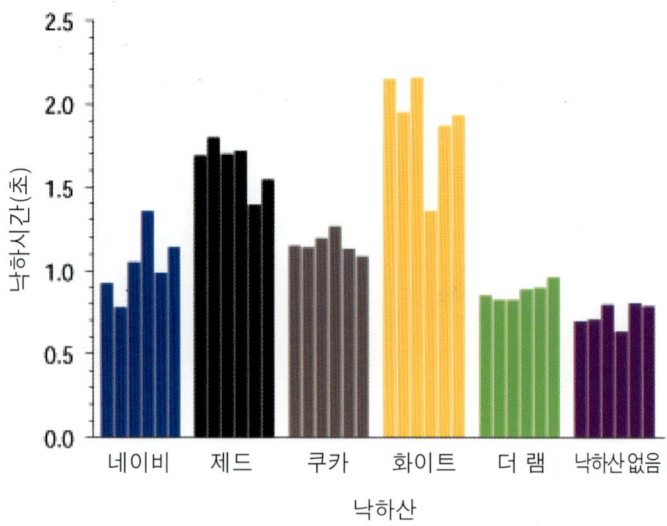

꼬마 인형을 태운 낙하산 상호비교

그림 7.6. 꼬마 인형 낙하산 상호 비교. '더램'을 제외한 모든 낙하산이 인형을 태우고 낙하하는 속도가 줄었다. '화이트'와 '제드'는 종종 가장 느린 속도를 보였으나 매번 그랬던 것은 아니다. 낙하산에서 승객이 떨어지는 바람에 '네이비'의 점수가 낮았다(두 번째 막대). '화이트'의 점수가 낮게 나온 것(네 번째 막대)은 낙하산이 접혔을 때였다.

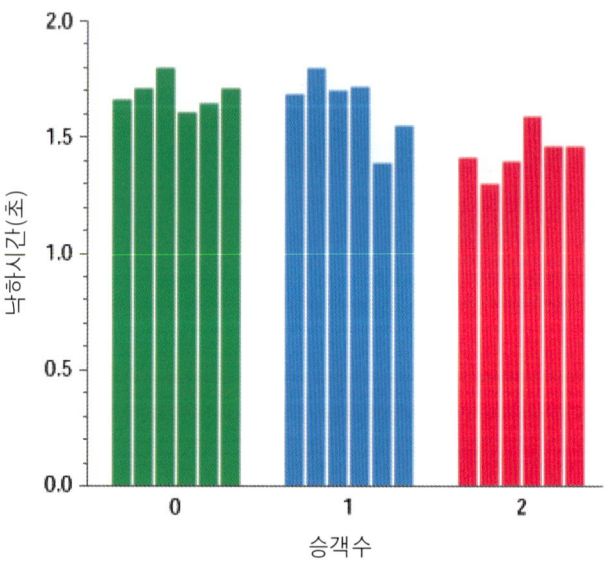

승객 추가가 '제드'의 낙하시간에 영향을 미치지 않는다

그림 7.7. 승객 추가가 '제드'의 낙하시간에 영향을 미치지 않는다. 승객이 없건, 하나 혹은 둘 있건 '제드'의 낙하시간은 비슷했다. 승객이 없을 때 낙하산은 매번 뒤집혔다.

종이컵을 실 네 가닥으로 연결한 것이다. '더램The Ram'은 단순한 타원형 종이 가운데 부분에 종이로 만든 고리를 테이프로 붙인 것이다. 넓은 쪽과 좁은 쪽의 폭은 각각 20센티미터와 15센티미터 정도였다. 승객은 종이 고리에 끼운다.

꼬마 인형을 위한 낙하산은 어떻게 만드나?

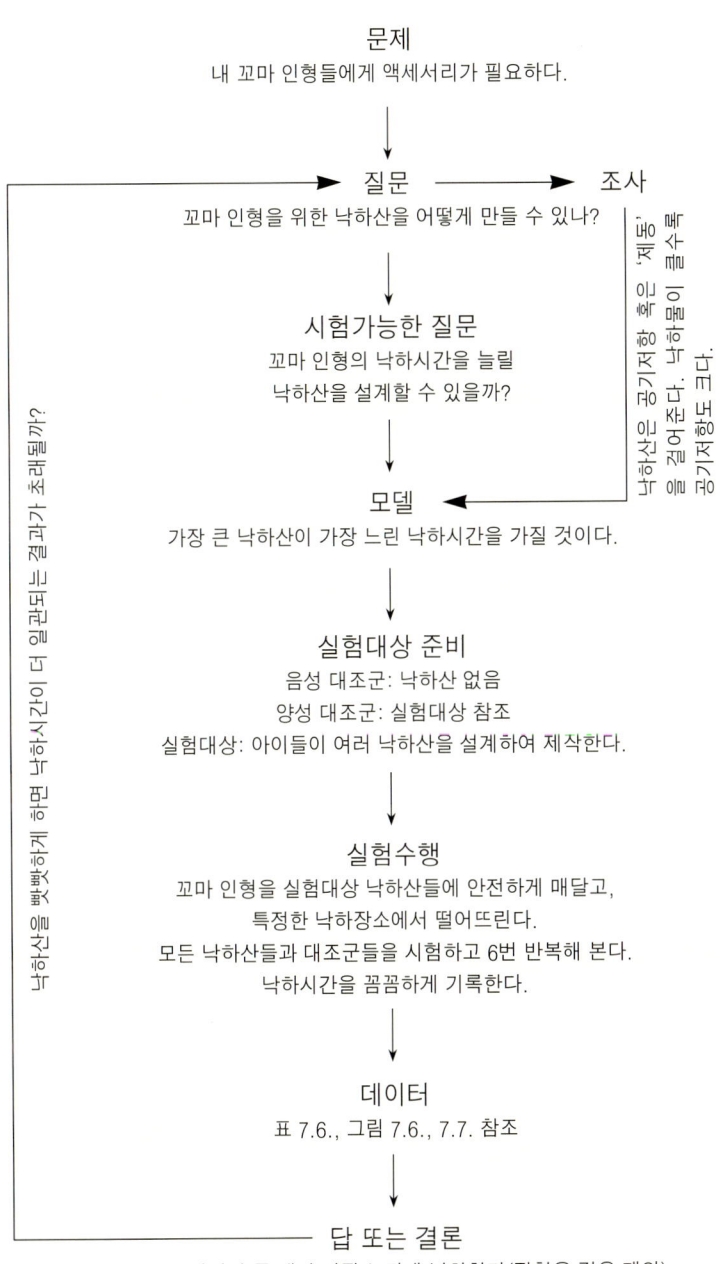

문제
내 꼬마 인형들에게 액세서리가 필요하다.

질문 ⟶ **조사**
꼬마 인형을 위한 낙하산을 어떻게 만들 수 있나?

낙하산은 공기저항 혹은 '끌림'이 클수록
을 걸어준다. 낙하물이 클수록
공기저항도 크다.

시험가능한 질문
꼬마 인형의 낙하시간을 늘릴
낙하산을 설계할 수 있을까?

모델
가장 큰 낙하산이 가장 느린 낙하시간을 가질 것이다.

실험대상 준비
음성 대조군: 낙하산 없음
양성 대조군: 실험대상 참조
실험대상: 아이들이 여러 낙하산을 설계하여 제작한다.

실험수행
꼬마 인형을 실험대상 낙하산들에 안전하게 매달고,
특정한 낙하장소에서 떨어뜨린다.
모든 낙하산들과 대조군들을 시험하고 6번 반복해 본다.
낙하시간을 꼼꼼하게 기록한다.

데이터
표 7.6., 그림 7.6., 7.7. 참조

낙하산을 얇게 빳빳하게 하면 낙하시간이 더 일관되는 결과가 초래될까?

답 또는 결론
가장 큰 낙하산 두 개가 가장 느리게 낙하한다(접혔을 경우 제외).

그림 7.8. 낙하산 실험 순서도

모델: 큰 낙하산('제드'와 '화이트')이 공기저항을 가장 많이 받기 때문에, 가장 느리게 떨어질 것이다.

모든 낙하산은 끝에 꼬마 인형을 매단 채 다락 난간에서 거실 바닥을 향해 여섯 번씩 떨어드리는 방식으로 시험되었다. 145인치(398.3cm)의 낙하거리를 떨어지는 데 걸리는 시간을 스톱워치를 써서 초 단위로 측정했다. 모든 낙하 시험에는 '스피디Speedy'라는 이름을 가진 꼬마 인형이 사용되었다. 음성 대조군은 낙하산 없이 스피디만을 떨어뜨리는 것이다. '제드' 낙하산으로는 승객 없이 낙하산만으로도 해보고, '스피디' 두 개를 태우고도 해보았다. 데이터는 **표 7.6**과 **그림 7.6** 및 **7.7**에 나타나 있다. 낙하산이 떨어지다가 벽에 부딪힌 경우는 무효처리한 뒤 다시 시험했다.

결론
1. '더램'을 제외한 모든 낙하산 실험에서 낙하 시간이 길어진다. '더램' 낙하산은 낙하산 없는 음성 대조군과 비슷하다.
2. 네 번째 시도를 제외하면, '화이트'가 가장 느린 낙하를 보여 준다. 네번째 시도에서는 낙하산이 말렸기 때문에 예외로 칠 수 있다. 그래서 '화이트'가 승자로 선언될 수 있었다. (전문적인 낙하산 제조업체는 이런 식의 태도를 채택하지 말기 바란다.) 하지만 하나하나의 데이터를 나열해 놓고 비교해 보면 '화이트', '제드', '네이비', '쿠카'의 낙하시간에 우열이 엇갈리는 경우도 있다.
3. 낙하산을 만드는 데 있어 중요한 고려사항은 돛의 크기(돛이 클수록 공기저항이 커서 더 느리게 낙하한다), 그리고 낙하산의 안정성(펄럭이는 낙하산은 낙하 도중 말리는 경향이 있다)인 것 같다.
4. 가장 무거운 낙하산(제드)이 가장 **빠르게** 떨어지지는 않았다.
5. '제드'는 승객이 하나 있건 아예 없건 비슷한 속도로 낙하했다. 승객을 둘 태우자 낙하속도가 증가하는 경향이 있었다. 하지만 승객이 하나일 때와 둘일 때의 측정 데이터 하나하나들을 나열해 보면, 우열이 엇갈리는 경우가 있다.
6. 거의 모든 낙하산('더램'은 예외)이 아예 낙하산이 없는 것보다는 나았다. '더램'의 설계 결함은 그 크기가 작고, 종이가 너무 얇아 쉽게 변형된다는 점이다. 적절한 공기저항을 확보할 만큼 충분히 크거나 빳빳하지 않다.

그림 7.8은 낙하산 실험의 순서도이다.

낙하산 실험을 하면서 아이들은 측정과 데이터 획득의 기술을 발전시켰다. 몇 차례 낙하는 1초도 못되어 끝났는데, 이런 사실은, 실험을 수행할 때에 집중력과 일관성이 얼마나 중요한지를 깨닫게 해준다. 수치로 나타낸 결과는 그래프그리기와 데이터 분석을 연습해 볼 기회를 제공한다. 실험자들은 어떤 낙하산이 '가장 안전한 것'으로 간주될 수 있을지 판정하기 위해 실험결과를 세밀히 조사할 필요가 있었다.

두뇌가동 접근법은 아이들이 문제해결 방법problem-solving method을 배우는 것을 도와준다. 실험과 자료조사를 통한다면 사실상 어떤 주제에 관한 정보라도 모두 습득할 수 있다는 사실을 아이들은 발견한다. 난상토론은 그들이 내놓은 질문 내용을 보다 명확하게 만들어 실험을 계획하는 데 도움이 된다. 실험을 하다 보면 체계적인 방법들, 정량화, 그리고 측정 등에 관련된 기술을 많이 얻게 된다. 데이터 분석을 하는 과정에서는 그래프그리기 기술과 수치를 다루는 기술과 더불어 정직성을 함양한다. 어른들과의 협동 작업을 통해 아이들은 책임을 수용하는 방식, 스스로의 능력을 평가하는 방식, 그리고 선생님들을 믿고 따르는 방식들을 익히게 된다. 두뇌가동 방법은 '할 수 있다'는 자신감을 함양시킨다. 아이들의 왕성한 호기심, 창의성, 그리고 분석적 기술은 높이 평가 받을 만하다. 또한 아이들은 스스로 품은 의문을 해소하는 과정에 부모나 선생님이 함께 할 수 있음을 알게 된다.

주

1 과학 실험 기구를 판매하는 회사에서 미리 제조된 배양액을 구입할 수도 있다.

2 효소의 작용을 억제하여 사과 갈색화를 방지할 수도 있다. 산성 분위기에서는 이 효소가 잘 활성화되지 않으므로 레몬 주스를 발라 두는 것이 사과 갈색화를 지연시킬 수 있다.

8

더 어린 아이들에게 적합한 두뇌가동 방식
Adapting the Brains-On

Method for Younger Children

아이들에게 이런 것, 즉 고치가 풀어헤쳐지면서
나비가 실제로 거기서 나오는 것을 보여 주자.
눈으로 직접 보는 것에서 얻는 지식이야말로
가치 있는 것이다.

– 토마스 A. 에디슨

두뇌가동 기법을 유아원생, 유치원생, 그리고 초등학교 저학년 아이들도 사용할 수 있을까? 내 생각(그리고 경험)을 말하자면 대답은 "그렇다"이다. 어린아이들에게는 단지 어른의 도움이 좀 더 많이 필요할 뿐이다. 두뇌가동 기법은 어른과 아이 사이의 협력을 촉진하도록 설계되었다. 부모와 교사가 아이들의 과학 탐구를 도와주는 가운데 아이들과 어른들 모두 새로운 정보를 얻는다. 아이와 어른 사이의 이 민주적 동반 관계는 아이들이 독립심, 신뢰, 학습 기술, 교습 기술을 개발하는 것을 돕는다.

질문

아이들은 종종 기막힌 질문을 던진다. 우리가 7장에서 다룬 네 가지 실험은 유치원생 세 명과 초등학교 1학년 학생 한 명이 제기한 질문을 바탕으로 한 것이다. 아이들은 호기심이 많다. 그래서 청소년들이나 어른들이라면 당연시할 현상에 대해 자주 질문을 던진다. 두뇌가동 방식에서 아이들은 호기심을 발전시키고 생각을 발표하며 논리적으로 생각하도록 장려된다. 아이들은 청소년들 만큼이나 이런 접근법에서 이로움을 얻는다. 어른들의 역할은 아이들의 성숙

정도에 맞춰질 수 있다.

아이들에게서 질문을 수집할 때 어른은 그 질문을 반드시 기록해야 한다. 내가 유치원생이나 유아원생들에게서 수집한 질문들 가운데 아이들 손으로 기록된 것은 거의 없다.(따라서 결과적으로 질문들을 해독하기 쉬웠다.) 실험을 설계하자면 아이들이 던진 질문을 어느 정도 명확히 해야 하며 용어를 정의해야 한다. 난상토론을 통해 질문을 다듬는 것은 아이들을 위해 유용한 학술적 훈련이다.(7장 "돈이 가장 더러운 물건인가?", 3장 "난초는 사람이 건드리는 것을 알 수 있을까?" 참조)

난상토론과 실험대상 설계

내 경험에 비춰 볼 때, 난상토론은 초등1학년 아이들에게 특히 잘 어울린다. 이 책의 3장과 7장에서 소개한, 사과 갈색화 실험을 다룬 난상토론 과정은 이제 막 학년을 시작한 초등1학년 학생들이 참여한 것이다. 이것이 내가 교실이라는 환경에서 해본 첫 번째 '교습 경험'이었으며, 아이들을 많이 모아 놓고 진행해 본 첫 번째 난상토론이었다. 정말이지 나는 기분 좋은 충격을 받았다. 아이들과의 난상토론은 생각했던 것보다 쉬웠다.

어린아이들이 난상토론을 잘 진행하자면 어른의 지도가 더 많이 필요할지 모른다. 하지만 그 결과는 만족스럽다. 부모와 교사는 유도질문이 아이들의 창의력을 자극한다는 사실을 발견할 것이다. 난상토론 과정을 통해 당신이 실현하고자 하는 개념들, 그리고 그 개념들에 대해 생각하도록 아이들을 유도할 방법에 대해 한 번 생각해 보라. 아이들은 깜짝 놀랄 창의성을 지닌 생각들을 쏟아놓을지 모른다.

어린아이들을 위한 난상토론 시간은 짧아야 한다. 3장에 소개한 눈썰매타기 실험을 위한 난상토론은 일종의 드라마처럼 대화체로 기록된 것이다. 며칠을 두고 실험을 기획하는 것이 더욱 효과적일 수 있다. 아이들의 행태는 난상토론 시간의 길이를 정하는 데 좋은 잣대가 될 것이다.

실험의 일관성이란 아이들에게는 낯선 개념일지 모른다. 오직 한 가지 요소만을 변화시키며 관찰하는 것이 왜 중요한지를 아이들에게 이해시키기 위해서는, 적절한 예를 들어 설명하는 것도 도움이 된다. 아주 어린 아이들조차, 예컨대 동급생 가운데서도 눈썰매를 잘 타는 아이와 그렇지 못한 아이가 있다는 사실을 인식할 때, 왜 한 사람이 모든 눈썰매타기 실험을 다 수행해야 하는

지를 이해할 것이다. 경우에 따라서는 실험과정을 지도하는 어른이 실험의 일
관성을 조율하고, 아이들은 실험의 주된 개념에만 집중하도록 배려하는 것도
괜찮다. 사과 갈색화 실험을 위해서 동일 품종의 사과를 미리 구입한다거나,
콩 묘목 실험을 위해서 동일한 규격의 컵을 미리 구매하는 일들이 바로 그런
예이다.

　　아주 어린 아이들에게 가설실험(모델을 제안하고 그것을 실험하는 일)
은 그다지 적합하지 않고, 오히려 그 아이들은 관찰을 통해 많이 배우는 경향
이 있다. 일곱 살짜리 내 아들은 콩 성장 실험을 세 종류 토양 사이의 경쟁으
로 간주하여, 그 식물의 성장세를 마치 스포츠 경기를 관전하듯 추적했다. 그
런가 하면 네 살짜리 내 아들은 실험에 사용된 토양의 종류에는 별 관심이 없
고, 흙이 없는 곳에서 뿌리와 줄기가 형성되는 것을 지켜본다든지, 콩이 얼마
나 빨리 자랐는지 관찰하는 일을 즐겼다. 두 아이 모두 그 실험을 통해 학습을
한 것이다. 그들은 방금 다른 것들을 배운 것이다.

대조군

아이들은 실험 대조군에 대해 이론적으로는 아닐지라도 실제로는 이해한다.
음성 대조군을 설계하도록 훈련시키기 전에, 이미 원인–결과 관계에 관한 사
례들을 이해한다. 초등 1학년생들과 사과 갈색화 실험을 기획할 때의 일이다.
내가 아무리 힌트를 주고, 제안을 내고, 유도하는 질문을 해도, 아이들 가운데
아무도 음성 대조군에 쓰일 제안을 하는 사람이 없었다. 실험처리를 한 사과
조각들과, 동시에 잘라 아무런 처리도 하지 않고 내버려 둔 사과조각들을 서
로 비교해 보자고 제안하는 아이가 아무도 없었다. 하지만 막상 실험에 들어
갔을 때, 실험처리를 한 각각의 사과조각을 플라스틱 접시에 담아 양성 대조
군(방금 자른 사과조각)과 음성 대조군(처리를 전혀 하지 않은) 사이에 배치했
다. 이렇게 하니까, 대조군 샘플이라는 것이 비교를 위해서는 꼭 필요하구나
하는 것을 아이들이 이해하게 되었다.

　　모델을 제안하여 실험을 수행할 만큼 성숙하지 않은 아이들에게는, 직
접 체험해 보는 간단한 실험들이 효과를 볼 수 있다. 모든 실험에서, 관찰된
결과가 어떤 특정한 처리로 인한 것이라는 사실을 증명하기 위해서는 음성 대
조군을 반드시 가지고 있어야 한다. 음성 대조군이 있어야 실험결과의 유효성
이 입증될 수 있고, 이렇게 하는 일이 과학적 방법에서 가장 중요한 부분이다.

내 큰아들의 초등 1학년 선생님은, 바다 포유류들이 피하지방脂肪을 이용하여 어떻게 추운 바다에서 몸을 따뜻하게 유지시키는지 시범으로 알게 해주었다. 그녀는 아이들로 하여금 식물성 쇼트닝이 가득 든 비닐봉지에 한 손만을 넣게 했다. 그런 다음 얼음물이 든 욕조에 두 손을 모두 담그도록 했다. 쇼트닝에 넣지 않았던 손은 넣었던 손보다 차가움을 훨씬 더 많이 느꼈다. 이렇게, 음성 대조군은 실험처리와 그 결과 사이의 인과관계를 분명하게 드러나도록 한다.

실험하기

아이들과 실험을 진행할 때에는 군중통제가 종종 문제가 된다. 실험이란 특히 교실의 일상에서 약간 벗어난 일이기 때문에 과학이 흥분을 불러일으킨다. 이 문제를 해결하는 한 가지 방법은 '군중'을 작은 집단들로 쪼개 각각의 집단에 실험 가운데 한 가지 과제씩을 부여하는 것이다. 그렇게 하면 각각의 아이는 책임감을 더 느끼게 되며 실험의 결과물에 대해 더 많은 개인적 관심을 갖게 된다. 사과 갈색화 실험은 실험방법이 많았던 까닭에 이런 접근법을 쓰기에 적합했다. 학급을 두세 명 단위의 소집단들로 나누었으며, 각각의 소집단에게 한 가지 방법을 실험하도록 책임을 지웠다. 실험은 한 가지 방법을 한 번에 사용하는 식으로 진행되었는데, 각각의 소집단이 제 몫의 실험을 수행할 때 나머지 학급 전체가 이를 지켜보았다. 적어도 겉으로는 질서가 유지되었으며, 각각의 소집단은 저마다 집중조명을 받았다.

　　아이들의 실험에서 안전은 특별한 관심이 필요한 문제다. 따라서 안전하게 수행할 수 있는 실험을 고르는 데 각별히 주의를 기울여야만 한다. 전기, 날카롭고 뾰족한 물건, 고온, 유독 화학물질 등을 사용하는 실험에 있어서는 어른이 반드시 실험과정을 감독해야 한다. 아이들과 함께 실험할 때 위험성이 있는 장치의 조작 따위는 반드시 어른이 맡아야 한다. 일부 실험은 지시사항을 준수하는, 경험이 더 많고 손재주가 더 있는 고학년 아이들에게 더 적합하다.

　　어린아이들은 위기상황을 연출하는 묘한 능력이 있다. 나는 사과 갈색화 실험이 위험과는 무관하리라고 여겼는데 나중에 보니 그것이 아니었다. 실험이 이루어진 교실의 몇몇 아이들이 흥분한 나머지 내가 가져온 칼을 쥐려고 했다. 다행히 내 칼은 접을 수 있는 칼이라서 사용하지 않을 때에는 접어서 주머니 속에 감출 수 있었다. 이 경우 실험 시간 내내 "안 보면 마음도 멀어진다"는 법칙이 먹혀든 셈이다.

　　과정이 명쾌하며 결과가 단순한 실험이 어린아이들에게 가장 적합하다. 어린아이들에게 적합한 실험을 찾아내기 전에 부모와 교사는 실험하기 좋은 여러 질문들을 놓고 면밀히 검토해야만 할 것이다. 꼬마인형을 위한 낙하산 실험(7장)은 초등 1학년 아이들이 감당할 만한 것이다. 아이들은 낙하산을 만들어 띄울 수 있고, 낙하시간을 정밀하게 기록할 수도 있다. 초등 1학년생들로서는 십진법에 대해 들어보지 못했을 수 있다. 하지만 그들은 "일 점 일 오(1.15)"에 해당하는 수치를 단순한 표의 정확한 지점에 확실하게 적어 넣을 수 있다. 스톱워치는 어른들이 다루어야 할 필요가 있을 수도 있다. 왜냐하면 매우 짧은 시간을 측정하려면 신속하게 반응해야 하기 때문이다. 만약 이 실험을 미취학 아동들과 함께 수행한다면, 어른들로서는 아이들이 거칠게 다루는 바람에 낙하산이 망가지면 그것을 즉시 수리할 준비도 갖추고 있어야 한다.

　　복잡한 실험에는 어른들의 더 많은 간여가 필요하다. 나는 동전 표면의 세균 실험(7장)을 미취학 아동, 유치원생, 초등 1학년생, 초등 2학년생과 함께 수행했다. 네 소년은 모두 실험을 하고 그 결과를 관찰하는 데 흥미가 있었다. 나는 소독된 배양액을 준비하고 미생물을 접종하는 과정을 면밀히 관찰했다. 나는 또 굳힌 배양액 표면에서 소독된 핀셋으로 동전을 끄집어 내는 것 같은 정교한 조작을 수행했다.

실험노트 쓰기

글쓰기 능력이 떨어지는 아이들에게는 실험노트 작성에 도움이 필요하다. 고학년 아이들이라 할지라도, 노트 쓰는 일에 집중하다 보면 창의적인 생각이 달아나 버릴 수도 있기 때문에 도와주는 편이 낫다. 실험노트를 관리하는 일에는 엄청난 노력이 요구된다. 이 작업을 어른들이 나눠서 해준다면, 아이들이 실험과제에 집중하는 데 도움이 된다. 아래 열거해 놓은 권고사항을 참고한다면 실험노트 준비가 덜 부담스러울지 모른다.

　　❶ 난상토론에 대한 기록은 어른이 한다. 비록 글을 잘 쓰는 아이라고 하더라도 창의적인 아이디어를 주고받는 와중에 그 아이디어를 기록하는 일에 정신을 빼앗겨서는 안 된다. 아이들은 중요한 개념들을 압축해 나중에 노트에 담을 수 있다.

❷ 개인별 노트 대신에 학급단위의 노트를 만든다. 아주 어린 아이들이 수행하는 실험의 경우, 어른이 서기가 되어 아이들의 아이디어와 관찰내용을 기록할 수 있다. 가능하면 아이들의 표현 방식으로 기록하도록 노력한다. 아이들의 자발적인 관찰은 종종 과학 포스터에 톡톡 튀는 내용으로 첨가될 수 있다.

❸ 문제를 쪼개어 정복한다. 아이들 집단 하나는 실험방법을 작성할 수 있고, 다른 하나는 데이터를 기록할 수 있다. 이렇게 하면 아이들은 제한된 과제에 집중할 수 있으며, 각각의 집단은 실험의 구체적 측면을 '소유'할 수 있다.

❹ 실험노트라는 개념을 이해하는 데 힘들어 하는 아이들에게 개념을 '점화' 시켜 주기 위해 빈칸 채우기 작업표를 한번 준비해 보자. 실험노트는 어디까지나 개인의 창의적인 표현이어야 한다는 것이 나의 믿음이지만, 때로는 약간의 외부 도움이 필요하다. 처음 몇 차례 실험에서는 "우리가 이번 실험에서 사용한 물질(물건)은＿＿＿＿＿ 였다"와 같은 문장이 들어가는 양식이 필요할지 모른다.

실험에 들어가기 전에 칸이 비어 있는 표表를 준비한다. 이 표에 데이터와 관찰내용을 적어 넣을 공간을 넉넉하게 남겨둔다. 이 빈 표는 꼼꼼하게 데이터를 챙기는 것을 도와주며 샘플이 망각되는 것을 막아 준다. 학급전체가 사용하도록 그 표를 칠판이나 포스터에 붙이는 것도 좋다. 표를 복사하여 실험노트에 부착해도 된다.

데이터 분석

어린아이들을 데리고 실험을 할 때에는 실험자들의 수학數學 능력을 반드시 감안해야 한다. 어떤 경우에는, 실험의 정량적 측면이 너무 가볍게 다루어질 수도 있다. 예를 들어, 직각좌표계Cartesian coordinates를 배우지 않은 아이들에게는 막대그래프 형식으로 자료를 제시하는 것이 더 낫다. 때로 비수치非數値 데이터를 생산하는 실험을 선택하는 것이 어린아이들에게는 최선이다.

미취학 아동들이나 유치원생들은 수數를 전혀 사용하지 않고도 콩 묘목 실험(4장, 6장, 부록 2)으로부터 데이터를 제시할 수 있었다. 콩 묘목을 압축

해서 말리면 이것을 직접 큰 종이에 부착할 수 있다. 이렇게 하면 청중이 결과를 스스로 보고 판단할 수 있게 된다. 만약 초등1학년생이나 2학년생이 콩 묘목 실험을 하고 있다면, 콩 묘목이 모래 속에서는 잘 자라지 않는다는 것을 알려고 **그림 6.7**처럼 복잡한 그래프를 그리지 않아도 될 것이다. **그림 6.8**처럼 단순한 막대그래프로도 같은 내용을 설명할 수 있다. 고학년 학생들이라면 **그림 6.7**같은 그래프를 준비할 수 있다. 이 경우 실험을 집단과제로 삼은 채 각각의 아이 또는 조사팀은 한 묘목의 성장을 측정하고 기록하는 일을 책임진다.

　　사과 갈색화 실험(3장, 4장, 7장)은, 데이터를 그림 형태로 기록함으로써, 아직 글을 읽을 줄 모르는 아이들을 위한 실험으로 채택할 수 있을 것이다. 데이터 도표는 실험방법(알루미늄 호일, 문방풀, 물 등)을 가리키는 그림을 곁들여 만들 수 있을 것이다. 아이들은 데이터를 기록하기 위해 사과조각들을 엷은 노랑, 황갈색, 갈색으로 그릴 수 있을 것이다.

　　실험 데이터의 분석 또한 아이들의 계산 능력 확장을 위해 사용될 수 있다. 왜냐하면 과학적 경험은 아이들에게 동기를 부여하여 새로운 수학적 개념들을 익히게 만들 수 있기 때문이다. 어느 눈썰매가 가장 **빠른가**를 알아내는 데에 아이들의 관심이 있고, 데이터를 도표화함으로써 그 답이 찾아질 수 있다면, 그 때에는 그것이 그래프를 어떻게 그리고 해석할 것인지를 배우는 좋은 이유다.

포스터 준비

과학 포스터를 만드는 것은 예삿일이 아니지만, 그 작업에 질리지만 않는다면 그것은 즐거운 일이 될 수도 있다. 아이들을 대신해 포스터에 글자 써 넣기를 해주어라. 포스터란 모름지기 읽어서 그 뜻을 알 수 있어야 한다. 그런데 어린 아이들이 최선의 노력을 기울인다고 해도 그들이 써 놓은 글씨는 해독 불가능이기 일쑤다. 아이들의 언어 표현 방식으로 포스터를 만들되 글씨 쓰기만큼은 도와주어라. 실험이 진행 중일 때 아이들이 하는 말을 기록하는 것은 아이들을 실험과 연결하는 데 도움이 될 뿐만 아니라, 포스터에 넣을 가외의 정보를 제공한다. (아이 소집단들이 실험을 하고 있거나, 도와줄 어른이 추가로 현장에 있을 때 이이들의 말을 기록히기가 더 쉽다.) 포스터 판에 그림과 글씨를 붙이는 것을 돕고, 사진을 고르며, 그림과 그래프를 준비하는 가운데 아이들은 포스터 만들기에 대한 책임감을 느낄 수 있다. 고학년 아이들이 과학 포스터 만들기에 대한 책임을 나눠지고 싶어할지 모른다. 한 집단이 방법에 관해 기술해 나가는 가운데 다른 한 집단은 결론을 기술할 수도 있다. 포스터를 '소유'한다는 기분을 느끼려면 아이들은 포스터의 최대한 많은 부분을 준비해야 한다. 어른들은 그 작업이 귀찮은 일이 되지 않도록 도와주어야 한다.

파리지옥Venus Flytrap 실험

우리 큰아들이 처음 과학과제를 받아 온 것은 그 아이가 유치원에 다닐 때였다. 박사급 과학자인 아이 아버지와 나는 유치원 과학실험을 멋지게 해낼 자신이 있었다. 하지만 우리는 그 과제를 아들이 해결하도록 내버려 두었다. 그보다 몇 주 전 아들은 "파리지옥Venus flytrap은 어떻게 파리를 잡나?"라고 물어 온 적이 있다. 그래서 우리는 그 질문을 탐구해 보기로 했다.

그 과제는 겨울 휴가 이틀째 되는 날에 수행키로 예정되어 있었다. 우리 가족은 앞서 휴가를 캘리포니아에서 보내기로 계획한 바 있었다. 그래서 우리는 그 실험을 휴가 중에 실시했다. 우리는 파리지옥 화분 한 개와 귀뚜라미 몇 마리를 사들이고 거미와 파리 몇 마리를 잡았다. 그리고 노트북과 카메라를 챙겼다. 우리는 실험에 관해 아들이 쏟아놓는 언어를 그대로 적어나갔다. 그리고 아들이 그 식물에 '먹이를 주는' 모습을 사진에 담았다. 우리는 아들이 시키는 대로 사진을 찍었다. 아들은 가시가 숭숭 돋은 잎사귀를 지닌 그 식물 옆에 공룡인형, 그리고 커다란 이를 가진 액션배우들 사진을 놓고 사진을 찍게 했다. 우리집 유치원생은 그 식물이 어떻게 곤충을 잡아먹는지에 관한 자기 나름의 모델을 제시하지 않았고, 이 가설을 공식적으로 시험하지도 않았다. 하지만 그 아이는 그 실험으로부터 몇 가지를 알아냈다.

1. 잎에 난 털을 아주 짧은 간격으로 두 차례 만지면 잎이 오므라든다.(바람에 날려온 나뭇가지가 아니라 살아 있는 곤충이 잎에 접촉했음을 이 식물이 검증하는 방법이다.)

2. 곤충을 품지 않은 채 잎이 오므라지면(음성 대조군), 그 잎은 하루 만에 다시 열린다. (잎은 이쑤시개나 핀셋으로 두 번 접촉하면 오므라지게끔 되어 있다.)

3. 잎이 곤충을 포획하면 잎은 한 주 뒤 다시 열린다. 그리고 그 곤충의 '해골' (외골격)은 잎의 표면에 나타날 수 있다.

우리는 아들이 포스터를 만드는 것을 도와주었다. 나는 아이가 하는 말을 포스터에 옮겨 적었고, 아이가 사진을 풀로 붙이는 것을 도와주었다. 우리는 그 식물을 캘리포니아의 친구에게 주고 미시간으로 되돌아왔다.

포스터 설명회를 위해 우리 아들은 파리지옥 실물을 원했다. 포스터에 적은 정보를 뒷받침하고 싶다는 것이었다. 미시간의 1월 기후는 따뜻한 날이 거의 없었다. 그리고 그 해 기온은 섭씨 영하 10도 안팎이었다. 파리지옥은 노스캐롤라이나 주 늪지대에 서식하며 추운 날씨에는 견디지 못한다. 나는 온갖 정성을 기울여 그 식물을 추위로부터 보호하려고 했지만 내 노력은 성공을 거두지 못했다. 내가 그 식물을 아들 교실에 가지고 갔을 때 그 식물의 모든 잎은 오므라졌으며 시들었다. 다행스러웠던 것은, 충분한 정보가 포스터에 기록되었다는 사실이었다. 왜냐하면 실연實演이 불가능했기 때문이다. 그로부터 몇 달 간 따뜻한 창가에 고이 모셔 두었건만 파리지옥은 충격에서 영영 깨어나지 않았다.

문제해결 기법problem-solving techniques

두뇌가동 방식은 나이와 상관없이 모든 사람에게 적용할 수 있다. 이 책의 대부분은 초등학생들을 대상으로 삼고 있지만, 여기에 소개한 방법은 약간의 변형을 거쳐 그들보다 나이가 많은 학생들에게도 쓸 수 있다. 아이들은 학교생활 초기에 문제해결 기법을 개발하도록 권장되어야 한다. 이런 기법들이 그들의 학교생활 그리고 전 생애에 걸쳐 아이들을 더욱 효율적인 학습자로 만들어 줄 것이기 때문이다. 현대과학이 아무리 복잡하다 해도, 실험대상 설계와 과학적 문제해결 기법의 기본적 사항들은 무척 단순해서 어린아이들에게도 적절히 적용힐 수 있다.

아이들의 질문

다음은 내가 초등학생들로부터 수집한 질문의 목록이다. 나는 아이들에게 과학에 관해 질문해 줄 것을 요청하는 내용의 전단지를 만들어 그것을 인근의 초등학교 두 곳에 뿌렸다. 그 전단지에 응답하는 것은 의무사항이 아니라 어디까지나 자유의사에 따른 것이었으므로 모든 학년에 걸쳐 질문이 고르게 수집된 것은 아니다. 같은 학년의 다른 학생들에게서 두 번 이상 제기된 질문에 대해서는 그 사실을 따로 표시했다.

미취학 아동과 유치원생

눈과 얼음은 왜 흰가?

생쥐도 기어오를 수 있나?

달팽이에게는 왜 점액이 있나?

물뱀이 땅 위에서는 죽는가?

게들은 왜 집게발을 흔드나?

낙하산은 날개도 없는데 어떻게 나는가?

북극곰은 얼마나 오래 숨을 참을 수 있나?

화학물질은 어떻게 만드나?

사람은 왜 전기에 감전될 수 있나?

구름은 왜 움직이나?

지구는 왜 도나?

우리는 왜 딸꾹질을 하나?

개미들은 무리를 따라 움직일 때 선두 개미의 진행방향을 어떻게 아나?

문어는 입이 어디에 붙었나?

사슴뿔은 무엇으로 만들어졌나?

새는 색맹인가?

가장 가치 있는 보석은 무엇인가?

돈이 우리 주변에서 가장 더러운 물건인가?

천둥과 번개는 왜 치는가?

왜 뱀(또는 새우)은 허물을 벗는가?

열차는 어떻게 철길 위로만 다니는가?

어떻게 사람이 TV 속으로 들어가는가?

독을 맛보고 나면 개미들은 어디로 가는가?

왜 동물들은 제각각 다른 소리를 내나?

무엇이 벌로 하여금 '붕, 붕' 소리를 내게 하는가?

무엇이 토끼를 깡충거리게 하는가?

하늘은 왜 푸른가?(세 차례 질문)

왜 해는 우리를 따라오는가?

어떻게 하늘에서 비가 내리는가?

안개는 무엇인가?

왜 풍선은 거꾸로 떠 있지 못하는가?

개똥벌레는 불빛을 어디서 구하는가?

왜 사람은 '거기'에 털이 있는가?

나뭇잎들은 왜 색깔을 바꾸나?

왜 어떤 나무들은 잎이 지는데 상록수는 잎이 지지 않나?

왜 거미는 가끔 녹색인가?

무엇이 천둥을 '꽝' 하고 소리나게 하나?

나비도 발이 있나?

식물에서 어떻게 약을 만드나?

'공기침대'에 공기를 얼마나 넣으면 코끼리가 물에 뜰까?

덩치가 큰 아이와 작은 아이 가운데 누가 미끄럼을 빨리 탈까?

폐는 얼마나 많은 산소를 품을 수 있나?

왜 거미는 자기가 친 거미줄에 달라붙지 않나?

욕조에서 물이 빠질 때 그것은 물속의 회오리바람인가?

무엇이 지진을 일으키나?

왜 꽃은 향기로운가?

욕조에 들어가 있으면 왜 우리 손발에 주름이 지나?

애벌레는 나비보다 무거운가 가벼운가?

왜 별은 그토록 밝게 빛나나?

무당벌레는 얼마나 오래 사나?

스컹크는 어떻게 악취를 내나?

최초의 나무는 어디서 왔나?

계절은 어떻게 변하나?(두 차례 질문)

우주가 끝이 없다는 것을 사람들은 어떻게 아나?

곤충과 벌레의 차이점은 무엇인가?

왜 우유는 흰가?

물고기들은 어떻게 먹나?

메뚜기는 벌레인가?

왜 비행기는 하늘에서 속도를 줄이나?

전자레인지는 어떻게 뜨거워지나?

거미줄의 실은 어디서 나오나?

꽃은 어떻게 색깔을 띠나?

세인트 헬렌즈 산은 몇 번 폭발했는가?

유니콘unicorn은 진짜 있나?

코뿔소 뿔은 무엇으로 만들어졌나?

지구는 왜 도나?

회오리바람은 어떻게 형성되는가?

왜 어떤 동물은 겨울잠을 자나?

왜 중력이 물건을 떨어지게 하나?

전구는 어떻게 빛을 내나?

텔레비전 리모콘은 어떻게 작동하는가?

우주에는 진짜로 외계인이 있나?

1학년생

화씨 50도는 서늘한데 섭씨 50도는 왜 따뜻한가?

콜러버스원숭이Colobus monkeys의 몸은 왜 스컹크처럼 보이나?

사과주스는 왜 갈색인가?

중력이 물체를 아래로 잡아당긴다면서 왜 골에 들어간 농구공이 튕겨 나오나?

진화는 어떻게 일어나나?

상처의 딱지는 무엇인가?

수정은 어떻게 만들어지나?

수정은 얼마나 크게 만들어질 수 있나?

털은 어떻게 자라나?

베개는 물질인가?

공기는 물질인가?

종이는 물질인가?

우리 엄마 느린 발은 물질인가?

자동차에 연료를 넣고 나면, 그 연료에 어떤 일이 벌어지는가?

음식물을 퇴비에 넣으면, 그 음식물에 어떤 일이 벌어지는가?

어떻게 얼음이 물로 변했는가?

왜 공기 속에서 수증기는 위로 올라갔나?

풍선에 물을 넣으면 어떻게 될까?

어떤 온도가 되면 눈이 얼음에서 물로 변할까?

무엇이 고체를 기체로 바꾸나?

무엇이 팝콘을 부풀리나?

어떻게 구름이 공기로 변하나?

왜 헬륨 풍선은 뜰 수 있을까?

세상은 왜 둥근가?

추우면 왜 물이 얼음으로 변하나?

왜 물은 난로 위에서 부글부글 끓는가?

물은 왜 증발하나?(네 차례 질문)

물질은 무엇인가?

물질은 어떻게 상태를 바꾸나?

물질은 어떻게 그 모양을 바꾸나?

무엇이 구름을 만드나?

기체는 어떻게 사라져 버릴 수 있는가?

건포도에도 곰팡이가 생기나?

2학년생

어떻게 사람들은 제각기 다른 피부색을 가지나?

수압이 가장 셀 때, 수도꼭지에서 욕조로 흘러내리는 물의 속도는 시속 몇 마
일일까?

모래 언덕은 어떻게 만들어지는가?

몸 크기에 비해 가장 높이 뛰어오르는 동물은 무엇이며, 지면으로부터 가장
높이 뛰어오르는 동물은 무엇인가?

운석은 지구 어디와 부딪혔는가?

명왕성까지 가 본 사람이 있는가?

하늘은 왜 푸른가?

인간은 어떻게 창조되었는가?

유인원은 원숭이에서 진화되었나?

지구에 생명체가 없던 때 진짜 큰 가스거품이 지구를 둘러쌌나?

약은 어떻게 제 갈 길을 아나?

과학자들은 어떻게 지구상 모든 동물의 이름을 짓나?

용암은 무엇인가?

거머리는 사람에게서 피를 얼마나 빨아먹을 수 있나?

악어는 공룡시대로부터 지금까지 얼마나 많이 변했나?

3학년생

왜 빛은 전등 스위치를 누르면 그토록 빨리 들어오나?

난초는 사람이 만지는 것을 알 수 있나?

사람이 물에 손을 대지 않는다면, 수중 동물들은 사람이 말하는 것을 알아들
을 수 있나?

볼 수도 없다면서 우리는 어떻게 원자가 있다는 것을 아나?

가위로 종이를 자를 때 우리는 분자를 반으로 쪼개나?

4학년생

왜 어떤 동물들은 태생이고 어떤 동물들은 난생일까?

왜 어떤 암석들은 반짝이는데 다른 것들은 그렇지 않은가?

왜 어떤 동물은 빛을 좋아하고 어떤 동물은 그늘을 좋아하나?

암석은 왜 광물인가?

왜 롤러코스터(혹은 자동차)를 타면 멀미가 날까?

사막은 왜 그토록 뜨거운가?

무엇이 킹코브라를 진짜 코브라가 아니게 하는가?

무엇이 원자를 형성하나?

무엇이 광물을 만드나?

상어는 왜 사람을 공격하나?

타란툴라tarantula 독거미는 눈이 몇 개인가?

납은 금속인가 광물인가?

집고양이도 야생이었던 적이 있나?

말은 왜 말이라 불리나?

과학은 왜 과학이라 불리나?

1마일은 몇 인치인가?

암석은 어떻게 형성되나?(다섯 차례 질문)

코알라의 학명은 무엇인가?

포유동물은 왜 털이 있나?

무엇이 포유동물을 포유동물이게 하나?

파충류는 언제 처음 태어났나?

행성들을 모두 뭉쳐 놓으면 얼마나 클까?

식물은 어떻게 자라나?

물은 어떻게 만들어지나?(두 차례 질문)

캔디는 어떻게 만들어지나?

지구는 얼마나 넓은가?

곰의 학명은 무엇인가?

세상은 얼마나 크나?

세계에서 가장 심한 멸종위기에 처한 종은 무엇인가?

동물은 모두 죽나?

세상은 어떻게 시작되었나?

축구와 미식축구에 대해 더 알고 싶다.

운동을 할 때 무엇 때문에 땀이 나나?

인생의 의미는 무엇인가?(두 차례 질문)

우리는 죽어가고 있는가?

달에 도시가 생길까?

추운 날씨에 동물은 어떻게 살아남나?

왜 어떤 동물들은 길들여지는가?

사람은 어떻게 납을 만들었나?

나비 날개는 무엇으로 만들어졌나?

왜 사람들은 발로 축구를 하나?

내 영구치는 어디에서 왔나?

공룡은 대부분 어느 대륙에서 살았나?

지구상에서 우리는 언젠가 뒤집어지지 않을까?

왜 나비는 날기 위해 날개에 가루가 필요한가?

새는 하루에 벌레를 몇 마리 잡아먹나?

왜 인체가 계속 살아 있기 위해 음식이 필요한가?

우리 두뇌는 무엇을 할지, 언제 할지를 어떻게 아는가?

경기 절반 시간 동안 최다득점을 기록한 사람은 누구인가?

어떻게 하면 데이지 않고 불에 손가락을 집어넣을 수 있을까?

대부분의 동물은 어떻게 서로 의사소통을 하나?

대부분의 암석이 형성되는 데에는 얼마나 걸리나?

태양은 얼마나 뜨겁나?

지구의 둘레는 얼마나 될까?

토성의 띠는 몇 개인가?

지구에서 명왕성까지는 얼마나 먼가?

여자는 언제부터 농구를 하기 시작했나?

외계인은 있나?

복어는 어떻게 몸을 부풀리나?

종이로 정사각형 모양을 만들려면 어떻게 해야 하나?

전기는 필요한 곳에 어떻게 공급되는가?

곤충은 어떻게 날까?

구름에는 몇 가지 형태가 있나?

농구공은 어떻게 그토록 좁은 그물을 빠져 아래로 떨어지나?

코끼리는 뼈가 몇 개인가?

지구의 깊이는 몇 피트 몇 인치인가?

세상에는 몇 종의 동물이 있나?

전쟁에 관해 알고 싶다.

죽은 다음에 생이 있을 가능성이 있나?

유령은 진짜 있나?

영매는 진짜 있나?

인디언 종족은 얼마나 많은가?

태양에는 가스가 얼마나 많은가?

화학물질은 무엇이며 그것은 다른 것들과 어떻게 작용하는가?

1파운드는 몇 그램인가?

광물은 몇 종류가 있나?

지구 한가운데 온도는 몇 도인가?

목성은 얼마나 큰가?

왜 사슴은 옥수수를 좋아하나?

물고기는 왜 지느러미가 있나?

말은 왜 꼬리가 있나?

벌은 왜 침이 있나?

왜 토끼는 발톱 달린 발이 있나?

명왕성에도 자기핵磁器核이 있나?

가장 널리 알려진 블랙홀은 무엇인가?

블랙홀에는 빨아들이는 힘이 얼마나 있나?

해왕성에도 생명체가 있나?

무엇 때문에 중력은 우리를 아래로 잡아당기나?(네 차례 질문)

무엇이 화약을 폭발시키나?

우리가 아는 아홉 개 이외에도 다른 행성들이 있을까?(세 차례 질문)

어째서 외계에서는 공기역학이 필요 없나?

다른 행성에 실제로 생명체가 있을 과학적 가능성이 있나?

지구상에 중력이 없는 지점도 있나?(두 차례 질문)

명왕성이 마지막 행성인가?(세 차례 질문)

지구에는 왜 마찰이 있나?(세 차례 질문)

다른 행성에도 마찰이 있나?

도마뱀은 제 꼬리를 어떻게 자르나?

어떤 개구리들은 왜 허물을 벗나?

어떻게 치타는 그토록 빠르게 달릴 수 있는가?

시속 70마일로 1마일을 달린 치타의 심장은 얼마나 빠르게 뛸까?

왜 치타는 발톱을 접었다 폈다 하지 못하는가?

미식축구 선수들은 왜 에어헬멧을 쓰는가?(두 차례 질문)

에어헬멧은 무엇인가?

달에도 생명체가 있나?

유대류有袋類 동물들은 대부분 어디서 사는가?

화성에 생명체가 있을까?(아홉 차례 질문)

UFO 같은 것이 있기는 있는가?(두 차례 질문)

50억년 뒤 태양이 행성들을 삼킬 것이라는 것을 과학자들은 어떻게 아는가?

안드로메다 은하와 우리 은하계가 60억~70억년 후에 충돌한다는 것을 어떻게 아는가?

중력은 무엇인가?

혜성이 언젠가 지구에 충돌할까?

세상에서 가장 힘센 동물은 무엇인가?

세상에서 가장 큰 동물은 무엇인가?

왜 예수와 하느님을 모든 사람이 믿지는 않을까? 또 왜 지구는 대폭발로부터 생겨났다고 생각할까?

왜 구름이 만들어지나?

왜 피는 자주색으로 보이다가, 베어서 밖으로 흐를 때는 빨갛게 보일까?(두 차례 질문)

어째서 우주에서는 몸이 둥둥 뜨나?

상어는 무엇에 유인되나?

전등이 처음 발명된 것은 언제인가?

구름은 어떻게 형성되나?(네 차례 질문)

왜 핀치벡pinchbeck= false gold은 금이 아닐까?

어째서 몸을 베이면 아픈데 머리털을 베이면 안 아픈가?

공룡은 몇 마리나 있었나?

대륙이동은 왜 일어났으며 당시 그것은 어떤 모습이었나?

왜 상어는 헤엄지면서 자나?

눈송이는 얼마나 작나?

아일랜드는 얼마나 크나?

우리 성대는 어떻게 작동하나?

화산산(酸, volcanic acid)은 무슨 화학물질로 만들어지나?

태양을 빛나게 하는 것은 무엇인가?

세인트 헬렌즈 산의 화산암은 얼마나 단단한가?

세계에는 얼마나 많은 언어가 있는가?

매미에게 독이 있나?

왜 어떤 동물은 냉혈이고 어떤 동물은 온혈인가?

어째서 정크푸드junk food가 맛있나?

집은 어떻게 짓나?

비행기는 어떻게 날까?

어떻게 행성들이 태양 주위를 돌면서 튕겨져 나가지 않나?

행성은 어떻게 회전하는가?

왜 용암의 열기는 그토록 위험한가?

왜 지하에는 흙과 진흙의 층이 있으며, 그것들은 어떻게 형성되었을까?

행성들은 왜 존재할까?

지구는 왜 둥근가?(두 차례 질문)

하늘은 왜 푸른가?(두 차례 질문)

동물은 왜 있나?

곤충은 왜 다리가 여섯 개인가?

식물은 왜 있나?

우주는 밤에 왜 그토록 캄캄한가?

전기는 왜 그토록 중요한가?

당신이 바이러스에 감염되어 있는 상태에서 모기가 당신을 물었다면, 모기는
          바이러스에 감염되는가?

원숭이는 손톱을 깎지 않는데 손톱이 왜 무한히 길어지지 않나?

손톱은 무엇으로 만들어졌을까?

식물은 무엇을 먹으며, 어떻게 숨을 쉬나?

벌레들은 무엇을 먹나?

왜 벌레는 땅 속에 사나?

해는 왜 지나?

언덕은 어떻게 만들어지나?

보트와 자동차는 어떻게 만드나?

왜 벌레는 딱딱한 껍질을 가지고 있나?

세계에서 가장 오르기 힘든 산은 어느 산인가?

호수와 바다는 어떻게 형성되었나?

치약은 어떻게 만드나?

화산은 어떻게 분출하는가?

산은 어떻게 형성되나?

산은 얼마나 단단한가?

왜 설탕은 사람의 위를 아프게 하나?

5학년생

개는 평균적으로 몇 년을 사나?

달은 왜 늘 둥글지는 않나?

병든 사람을 벌레가 물면, 그 벌레도 병들게 되나?

어떤 동물이 병든 동물을 먹으면, 그 동물도 병이 들까?

지금까지 찾은 공룡 뼈 중 가장 큰 것은 어디서 찾은 무엇인가?

왜 개는 '사람의 가장 좋은 친구'라 불리나?

왜 개와 고양이는 좋은 애완동물인가?

어떻게 개구리는 '개굴개굴' 울까?

하늘은 왜 파란가?(일곱 차례 질문)

우리는 올 여름 어느 야외 음악회에 갔다. 어두워지기 전까지 가수들의 노래
소리는 듣기에 아주 좋았다. 어두워진 후에는 메아리가 들려오기 시작
해서 노래 부르기가 어려울 지경이 되었다. 어두워지기 전에는 그렇지
않았는데 왜 어두워지고 난 뒤에는 메아리가 생겼던 것일까? 도대체
왜 메아리가 생겼을까?

가로등은 어떻게 밤낮으로 켜지고 꺼지나?

지네는 다리가 몇 개인가?

구름은 왜 흰가?

타 죽지 않으면서 태양까지 접근할 수 있는 가장 가까운 거리는 얼마일까?

보름달을 보면 왜 어두운 지점과 밝은 지점이 있는가?

고무와 공기만으로 이루어진 공이 어떻게 튀는가?(세 차례 질문, 대부분 농구
공에 대한)

우주인들은 왜 토성에 갈 수 없는가?

하늘은 정녕 보랏빛인가?

달에 갔다가 돌아오려면 얼마나 걸리나?(두 차례 질문)

새끼 물개의 몸에는 뼈가 몇 개나 있을까?

친칠라는 채식동물인가?

오리너구리는 왜 포유동물로 간주되는가?

3톤은 몇 뉴턴인가?

공룡은 왜 멸종되었는가?

서로 다른 세포 두 개를 가지고 인간을 복제할 수 있는가?

실제 DNA 가닥을 만들 수 있는가?

현재의 기술로써 인간이 화성에 닿을 수 있나?

다친 새나 포유동물이 하루 몇 마리나 동물원에 들어오나?

왜 구름은 뜨는데 우리는 안 뜨나?

왜 집에서 쓰는 50와트짜리 전구는 소방서에서 쓰는 50와트짜리 전구보다 빨
리 닳나?

장미를 기르는 데 기간이 얼마나 걸릴까?

개는 얼마나 많은 품종이 있나?

공룡은 온혈동물이었나?

우리 태양계는 얼마나 큰가?

맑던 하늘에 어떻게 구름이 생기나?(세 차례 질문)

행성이 왜 별처럼 반짝이나?

별은 타 없어지기도 할까?

각각의 별은 제각기 태양계를 갖나?

모기가 우리에게 공룡에 관한 정보를 주는가?

왜 어떤 새는 날지 못하나?

최초의 기계가 발명된 때는 얼마 전이었나?

매일 얼마나 많은 식물이 죽나?

매일 얼마나 많은 동물이 죽나?

지구 말고 우주에 생명체가 있을 가능성이 있나?

어떤 화학물질이 가연성이 제일 높은가?

가장 폭발성이 강한 화학물질은 무엇인가?

죽은 뒤에도 삶이 있나?

태양에는 얼마나 많은 가스가 있나?

중력이 끌어당기는데도 마이클 조던은 어떻게 그리 높이 뛰나?

벌레는 지상에서 어떻게 계속 살아 있나?

안개 구름은 하늘에서 생겨난 것인가 아니면 저절로 나타나는 것인가?

과학자들은 고래가 한때 지상 포유동물이었으며 뒷다리가 있었다고 말한다. 그러다 서서히 현재의 모습으로 변했다는 것이다. 내 질문은 이것이다. 왜 고래들은 아직도 예전의 다리 일부를 가지고 있는가?

태양빛을 어떻게 전기로 바꾸는가?

다른 행성에도 생명체가 있는가?(세 차례 질문)

'큐트' 행성이 있나? 그렇다면 몰드멘과 그레바즈도 진짜 있나?

나비는 왜 꽃을 좋아하나?

모나크 나비 애벌레가 애벌레에서 나비로 변할 때, 어떤 일이 벌어질까? 그것은 단 며칠 만에 아주 다양한 방식으로 엄청난 변신을 한다. 그런데 어떻게?

무엇이 바람을 일으키나?

심장박동이나 숨쉬기 혹은 동공의 확대처럼, 우리 몸의 어떤 부분들은 우리가 의도하지 않아도 저절로 움직이는데, 어떻게 하는 걸까?

구름은 어떻게 뭉쳐 있나? 왜 어떤 것은 크고 어떤 것은 작나?

TV영상과 소리가 어떻게 내 TV 속으로 들어가나?

무엇이 지구를 돌리나?

빛은 어떻게 한 곳에서 다른 곳으로 뻗어 가는가?

태양은 어떻게 온 세상을 비추나?

구름은 무엇으로 만들어져 있나?

양말은 한 시간에 얼마나 많이 만들어지나?

나비가 생명을 다하기까지는 얼마나 걸리나?

세상에는 암석이 얼마나 많이 있나?(두 차례 질문)

세상에는 식물이 얼마나 많이 있나?

소라껍질을 귀에 대면 왜 바다 소리가 나나?

분자들은 거의 서로 닿아 있지 않다는데, 왜 물건들이 조각조각 갈라지지 않을까?

박쥐는 어둠 속에서 어떻게 공기 중을 날아다닐까?

음식은 어떻게 만들어졌나?

직도는 어째시 덥나?

행성은 어떻게 우주에서 떠 있나?

나무늘보는 무엇을 먹나?

빛은 어떻게 작동하나?

물은 어떻게 증발하나?

라디오를 어떻게 들을 수 있을까?

음악은 어떻게 라디오에 들어 갈 수 있을까?(두 차례 질문)

왜 어떤 주에는 다른 주들보다 폭풍이 많이 오나?

사람들이 만지면 감전되는 전기줄 위에 새가 앉아도 감전되지 않는 이유는 무
엇인가?

코알라는 왜 호주산 유칼립투스 잎 외에 다른 잎은 먹지 않나?

하마 얼굴은 어떻게 해서 빨갛게 변할까? 왜 그렇게 변할까?

워싱턴 D.C.에서 명왕성까지 가려면 얼마나 걸리나?

펭귄은 왜 날지 못할까?

자석은 어떻게 작동하나?

다른 은하계가 있을까?

난로에서 어떻게 열이 나게 할까?

개와 고양이는 어떤 관계인가?

최초의 인간은 언제 출현했나?

행성은 어떻게 형성되었나?(두 차례 질문)

푸른고래는 얼마나 빨리 헤엄칠 수 있으며 얼마나 큰가?

돌고래는 얼마나 빨리 헤엄칠 수 있나?

기린이 가장 키가 큰 동물인가? 얼마나 큰가?

태양은 얼마나 뜨거운가?

세상 건너편에 있는 사람에게 어떻게 전화를 걸 수 있는가?

중력을 벗어나 우주로 진입하려면 어떤 속도에 도달해야 하나?

행성 아홉 개는 무엇 무엇인가?

선풍기에서는 왜 찬바람이 나오나?(두 차례 질문)

우리는 왜 음식을 먹나?

새들은 어떻게 날까?

면봉으로 어떻게 고막을 찢을 수 있나?

음파는 얼마나 빠른가?

우리에게 가장 필요한 행성은 무엇인가?(태양은 행성이 아니라 별이다.)

우리는 왜 올림픽을 여는가?

토끼는 어떻게 생겨났나?

세상의 그 많은 농담들은 누가 만들어 냈을까?

빛은 얼마나 빨리 가나?(두 차례 질문)

납은 어떤 암석에서 만들어지는가?

식물은 어떻게 색을 얻나?

빛은 무엇인가?

물은 어디서 왔나?

콧물은 왜 생기나?

우리집에서 해즐렛(미시간 주의 마을)까지 소리가 진행하는 데 얼마나 걸리나?

시계는 한 시간에 몇 번이나 째깍거리나?

일식日蝕 같은 것은 도대체 왜 있나?

개미는 무엇을 먹나?

공룡은 왜 죽었나?

가죽은 무엇으로 만들어지나?

고양이 눈은 어째서 어둠 속에서 빛이 날까?

그랜드 캐년은 어떻게 형성되었나?

왜 캘리포니아에서 지진이 가장 많이 발생하나?

바다는 가라앉나?

우주에는 왜 중력이 없나?

다람쥐는 어떻게 수직으로 기어오를 수 있나?

동물이 우주에서 생존할 수 있나?

왜 사진 속 사람의 눈은 붉은가?

암석은 무엇으로부터 만들어지는가?

소리는 어떻게 진행하나?

온도는 어떻게 오를 수 있나?

빛은 어떻게 진행할 수 있나?

바깥의 새소리를 어떻게 들을 수 있나?

진동은 왜 생기나?

돌고래는 어떻게 듣나?

개가 짖는 것은 무슨 뜻인가?

새는 정말로 이야기를 하나, 아니면 단지 흉내를 내나?

모기는 왜 중요한가?

개는 우리가 하는 말을 알아듣나?

고양이와 개 가운데 어느 것이 더 똑똑한가?

곤충이든 파충류든 마음만 먹으면 동물도 이야기할 수 있나?

왜 과학자들은 사람들이 살 수 있는 행성에서만 생명체가 있을 수 있다고 생각하는가?

무엇이 바람을 만드는가?

원자가 그토록 많다면서 왜 원자가 보이지 않을까?

왜 혜성이 지구에 충돌해 폭발하지 않나?

왜 에이즈 같은 질병이 공기를 통해 전염되어 사람들을 모두 죽이지 않나?

바닷물은 왜 짠가?

어떻게 우리는 2년이 아니라 80년이나 90년씩 살아 있을 수 있나?

귀머거리는 어떻게 그리 되었을까?

자석은 어떻게 물체에 달라붙는가?

왜 나비라든가 다른 비행 곤충들은 단지 날개를 퍼덕이기만 해도 하늘을 나는데, 우리 인간들은 팔과 손을 퍼덕여도 날지 못하는가?

어떻게 빛이 소리보다 빨리 움직일 수 있는가?

왜 식물은 살아 있는가?

납으로 어떻게 글씨를 쓸 수 있는가?

음파는 어떻게 만들어지는가?

약이 어떻게 사람을 낫게 하는가?

두 사람이 서로 5피트 떨어져 있을 때, 이쪽 사람으로부터 저쪽 사람에게로 소리가 가는 데 시간이 얼마나 걸릴까?

세상에는 곤충이 몇 종류나 있나?

공이 날아가면서 쉬익 하는 소리를 내려면 얼마나 빨라야 하는가?

새 알이 부화하려면 얼마나 오래 걸리나?

물은 어떻게 바다로 흘러들어갔나?

시멘트는 무엇으로 만들며, 어떻게 만드나? 또 어떻게 부수어질까?

태양에서 명왕성까지는 얼마나 먼가?

왜 개들은 젖은 코와 발톱을 가지고 있을까?

집없는달팽이를 끈적거리게 만드는 것은 무엇인가?

악기는 어떻게 소리를 내나?

TV는 어떻게 작동하나?

리모콘은 어떻게 작동하나?

비디오는 어떻게 작동하나?

아기들은 왜 그토록 귀엽나?

실험노트 견본

배양토, 부엽토, 모래 중 어디에서 콩이 빨리 자랄까?

1998년 3월 7일

식물에 관한 정보

· 식물이 자라려면 흙, 공기, 빛, 물이 필요하다.

· 식물은 광합성을 이용해 에너지를 생산한다. 이것은 식물이 햇빛과 공기 중의 이산화탄소를 이용해 그들 자신의 '음식'을 만든다는 것을 의미한다. 광합성은 잎이나 식물의 다른 녹색 부분들에서 일어난다.

· 식물은 흙으로부터 질소, 인, 칼륨 같은 필수 무기질을 얻는다.

· 식물은 흙으로부터 물을 얻는다. 물은 뿌리에서 빨아들여져 식물의 줄기와 잎으로 들어간다.

모델: 콩 묘목은 배양토에서 가장 빨리 자란다. 왜냐하면 배양토는(모래와 달리) 비옥한 토양이며, (부엽토에서처럼) 물과 무기질을 놓고 콩 묘목과 경쟁하는 잡초 씨를 가지고 있지 않기 때문이다.

실험 일관성

1. 모든 콩을 2센티미터 깊이로 심는다.
2. 모든 묘목에 220cc짜리 스티로폼 컵을 사용한다.
3. 컵의 맨 위까지 흙을 채운다.
4. 모든 컵을 넓은 쟁반에 담아 부엌 싱크대 위에 올려놓는다. 그것들은 같은 양의 햇빛을 받으며 같은 온도에서 성장한다.
5. 모든 컵에 같은 분량의 물을 준다.
6. 모든 묘목을 매일 같은 시각(오전 8시)에 측정한다.

대조군

+ 배양토에 심은 콩
− 흙 없음. 콩 세 개를 물이 든 컵에 넣는다. 콩 세 개를 젖은 종이수건을 넣은 비닐 지퍼백 속에 넣는다.
− 콩 없음. 콩을 심지 않은 각 토양 종류별 컵 하나씩을 준비한다.

중복실험

각각의 토양 형태별로 콩 세 개씩을 기른다.

준비물

1. 220cc짜리 스티로폼 컵 13개.[1] 컵 12개는 밑바닥에 구멍을 뚫는다. 컵 속의 흙을 떠받칠 수 있도록 각각의 컵 바닥에 가로 세로 5센티미터의 종이수건을 깐다.
2. 배양토(구입)
3. 모래(구입)
4. 부엽토(뒷마당 나무 아래에서 파온다.)
5. 콩 씨앗: Blue Lake 274(NK Lawn & Garden)
6. 금속 쟁반
7. 종이수건
8. 자 혹은 줄자
9. 비닐 지퍼백
10. 물
11. 인공 조명

실험방법

컵에 인식용 표지를 붙인다. 흙 없음 대조군을 제외한 모든 컵의 바닥에 구멍을 낸다. 컵 바닥에 네모난 종이수건을 깐다. 컵의 맨 위까지 흙을 채운다. 흙에 충분히 물을 준 다음 물이 밑으로 다 빠질 때까지 기다린다. 모든 컵을 쟁반에 담는다. 음성 대조군들을 제외한 각각의 컵에 콩 한 알씩을 놓는다. 콩을 2센티미터쯤 아래로 밀어 넣는다. 흙으로 덮는다. 물이 든 빈 컵에 콩 세 알을 넣는다. 비닐 지퍼백 속의 젖은 종이수건에 콩 세 알을 넣는다.

콩은 1998년 3월 7일 오후 6시에 심었다.

인식용 표지 붙이기: 흙 종류 당 컵 4개를 A, B, C, D로 구분

· ps= 배양토 (예: psC는 배양토를 넣은 세 번째 컵)

· fl= 부엽토

· s= 모래

1998년 3월 10일

노트

· 식물들에 같은 양의 물을 주는 것은 소용이 없다. 나는 토양들이 같은 정도의 수분을 머금게 하고 싶다. 세 가지 토양은 제각기 물을 통과시키고 머금는 정도가 다르다. 쟁반 바닥에 물을 부어 컵들이 아래로부터 물을 흡수하도록 하는 것이 컵들의 습기를 균일하게 유지시키는 방법이다.

· 젖은 종이수건에 넣은 콩이 잘 발아했다. 물이 담긴 컵 속의 콩들은 흐물흐물해졌다.

1998년 3월 12일

· 첫 번째 싹이 나타났다. psC

1998년 3월 13일

· 첫 번째 잡초가 나타났다. flA

1998년 3월 15일

· 콩 한개만 싹을 틔웠다.

표 A2.1. 첫 번째 심기

날짜	콩 묘목의 키(인치)
3월 16일	2.0
3월 17일	5.0(콩이 벌어짐)
3월 18일	6.75
3월 19일	8.5
3월 20일	10.5
3월 21일	11.0
3월 22일	12.0

더 많은 씨앗을 가지고 실험을 반복한다. 컵 하나에 씨앗 네 알을 심는다.

"하나는 참새가
하나는 까마귀가……"

두 번째 심기

1998년 3월 15일

음성대조군 컵들을 뺀 각각의 컵 가장자리에 콩 네 알을 더 심는다. 각각의 씨앗의 위치를 컵 테두리에 색깔로 표지한다.**그림 A2.1 참조** 젖은 종이수건에는 새 콩 여섯 알을 넣고 시작한다.

인식용 표지 붙이기: 흙 종류 당 컵 4개, 이번에는 1, 2, 3, 4로 구분

· ps3r: 배양토, 컵 3, 붉은색 표지 근처

· ps2b: 배양토, 컵 2, 푸른색 표지 근처

· 1-6: 흙 없음 대조군들

· 흙 없음 대조군들의 경우, 길이가 2센티미터일 때부터 싹의 모양을 기록했다. 왜냐하면 다른 콩들은 흙 표면으로부터 2센티미터 아래에 심었기 때문이다. 이렇게 하는 것은 발아시간을 과도하게 추측하는 것이 될 수도 있다.

· 흙 없음 대조군들과 그 젖은 종이수건들은 콩 묘목이 너무 크게 자라 비닐 지퍼백에 맞지 않게 되었을 때, 플라스틱 접시로 옮겨졌다. 습기

표 A2.2. 싹의 모양

날짜	심은 뒤 지난 일수	묘목		
3월 19일	4	ps2		
3월 20일	5	ps1	fl2	
3월 21일	6	ps3	fl1	
3월 22일	7	ps2b	ps3b	ps3rr
3월 24일	9	1		
3월 25일	10	ps1b	ps1r	4 6
3월 26일	11	ps3r	2	
3월 28일	13	s2		
3월 29일	14	s2b		

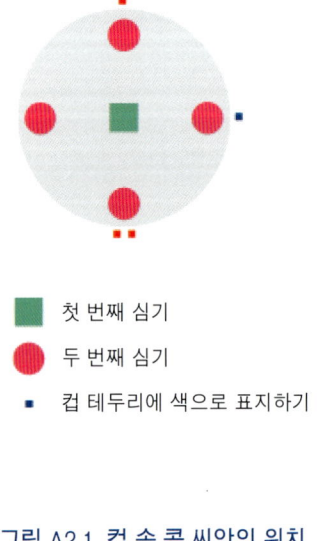

■ 첫 번째 심기

● 두 번째 심기

▪ 컵 테두리에 색으로 표지하기

그림 A2.1. 컵 속 콩 씨앗의 위치

보존을 위해 뿌리에 젖은 종이수건 조각들을 덮었다.

· 흙 없음 대조군들은 줄기가 꺾이는 경향이 있다. 왜냐하면 그것들은 뿌리를 토양에 뻗어 스스로 지지할 수 없기 때문이다. 꺾인 줄기의 길이를 측정할 때에는 일단 줄기를 따라 끈을 구부려 나간 다음, 그 끈의 길이를 재는 방법을 썼다.

이들 자료는 6장 **그림6.5**, 6.6, 6.7, 6.8에 나타나 있다.

표 A2.3 콩 성장(키는 콩 묘목의 인치로 표시)

날짜	일수	PS1	PS2	PS2B	PS3	PS3B	PS3RR	PS1B	PS1R	PS3R	fl2	fl1	S2	S2B	1	2	4	6
3-23	8	1	0.5	0.5	0.375	0.625	0.75				0.75							
3-24	9	3	0.875	1.25	1	1.5	2				2.25				1			
3-25	10	5	2.5	3	2.75	3.5	4.75				4	1			3.25		1.5	1.5
3-26	11	7	5	5.5	6.5	6	8	0.75	0.5		6.75	2.5			5.75	1	1.5	3
3-27	12	8	8.75	6.75	8.5	7.25	10	2.5	1.5	0.75	8.5	5.5			8.25	1.5	2	4.25
3-28	13	9.5	10	8.5	10	9	11.75	6.5	2.5	2.5	9.5	7.75			9	1.75	2	5.25
3-29	14	10	11.5	9.75	11.25	10	13	8.25	5	5	10.5	9.25			10	6.25	2.5	8.5
3-30	15	10.5	12.5	10.25	12	10.5	13.5	9.75	5.5	7.75	10.75	10.75		0.75	11	7.75	4	10.5
3-31	16	11	14	10.75	13	11	15.25	10.5	8.5	10.25	11.75	11.75		1.5	12.75	9.75	5.5	12
4-1	17	11.25	15	11	13	12	15	12	10	12	12	12	1.25	2	13	12	7.5	12.75
4-2	18	11.5	15	11	13.5	12.25	15	13	10.5	13.25	12.25	12.5	2	2.25	14.75	12.5	9	13.5
4-3	19	11.75	15	11.5	13.5	13.5	16.25	13.25	11.5	14.25	13.5	12.5	2.25	2.25	15.25	13	10	14.25
4-4	20	12	15.5	11.5	13.5	13.75	16.5	13.5	11.75	15	13.5	12.5	2.25	2.25	16	13.5	11	14.75
4-5	21	12.25	16.5	12	13.5	13	16.5	13.5	11.75	16	13.75	13	2.25	2.25	16	15.5	11.25	16
4-6	22	12.25	16.5	12	14.5	13	16.5	13.5	12	16	14	13	2	2	16	15	11.5	16
4-7	23	12.25	16.5	12	14.5	13	16.5	13.5	12	17	14.75	13	2	2	16	15	12	15

결론(두 번째 심기에서 얻은)

1. 배양토에 심은 콩 씨앗 12개 가운데 9개가 발아했다(75%). 부엽토에 심은 12개 가운데 2개가 발아했다(17%). 모래에 심은 12개 가운데 2개가 발아했다(17%). 흙 없이 발아를 시도한 6개 가운데 4개가 발아했나(67%).

2. 배양토, 부엽토, 또는 젖은 종이수건에 심은 콩들은 11일째에 발아했다. 모래에 심은 콩들은 이보다 늦게 13일째와 14일째에 발아했다.

3. 배양토 또는 부엽토와 흙 없음 대조군들에 심은 콩은 거의 같은 키로 자랐다(12-17인치). 모래에 심은 콩은 키가 2인치에 이르자 성장을 멈췄다.

4. 배양토 또는 부엽토와 흙 없음 대조군들에 심은 콩은 같은 속도로 자랐다. 왜냐하면 성장곡선의 기울기가 비슷하기 때문이다. 모래에 심은 콩은 비슷하거나 약간 느린 속도로 자랐다.

5. 씨앗은 잎이 발달하여 광합성이 일어날 때까지 콩 묘목을 지원하기에 충분한 영양분을 함유하고 있다. 왜냐하면 비옥한 토양에 심은 씨앗들과 마찬가지로 젖은 종이수건에 올려놓은 씨앗도 잘 자랐기 때문이다.

6. 모래에 심은 콩 묘목 두 개는 기형畸形을 보였으며 끝내 잎을 맺지 못했다.

7. 부엽토에서는 단지 두 개의 잡초만이 자랐다. 실험은 지상에 아직 눈이 남아 있는 3월에 수행되었다. 따라서 그 잡초들은 휴면 중인 씨앗들에서 발아했음이 틀림없다. 많은 식물들이 꽃을 피우는 여름에 채취한 부엽토는 더 많은 잡초를 생기게 할 것이다. 왜냐하면 그 토양은 더 많은 잡초 씨앗을 품고 있을 것이기 때문이다.

추가 질문 및 향후 실험

끝내 발아하지 않은 씨앗들에게는 무슨 일이 벌어졌나?

발아하지 않은 씨앗들을 대상으로 '해부'를 수행한다. 나무막대기로 흙을 헤집어 실종된 씨앗들을 찾는다.

해부결과:

1. 부엽토에서 건져낸 콩 씨앗들은 흐물흐물하고 황갈색이었으며 엷은 녹색 곰팡이 자국이 군데군데 있었다.

2. 모래에서 캐낸 콩 씨앗들은 핑크빛이 감도는 보라색이었고 흐물흐물했다.

3. 심은 콩 모두를 찾을 수는 없었다. 일부는 3주간에 걸친 실험과정에서 썩어버린 것이 분명했다.

모래에서 성장한 콩 묘목은 구제될 수 있는가?

콩 묘목 두 그루를 모래에서 조심스럽게 뽑은 다음, 그 뿌리를 수돗물로 씻는다. 그 가운데 한 그루를 배양토에 심는다. 나머지 한 그루를 젖은 종이수건이 담긴 비닐 지퍼백에 넣는다.

이식 결과:(관찰기간은 1주일)

1. 모래에서 뽑아 올리자 어느 묘목도 성장하지 않았다.
2. 어느 묘목도 잎을 피우지 않았다.

모래에 심은 씨앗은 성장세가 왜 그토록 빈약한가?

1. 이 모래는 아이들이 가지고 노는 모래주머니용으로 만들어졌다. 따라서 잡초 성장을 억제하기 위한 화학물질이 첨가되었을 수 있다.
2. 젖은 모래는 단단히 뭉쳐진다. 그래서 최적의 씨앗 발아에 필요한 통풍通風이 충분히 이루어지지 않았을 수 있다. 주: 배양토에는 통풍을 촉진하기 위해 질석蛭石이 섞여 있다.

모델 1: 모래에 심은 콩 씨앗의 빈약한 성과는 잡초성장을 억제하기 위해 함유된 화학물질에 의해 초래되었다.

모델 2: 모래에 심은 콩 씨앗의 빈약한 성과는 부적절한 토양 통풍에 의해 초래되었다.

다음의 실험들로 위 두 모델을 시험할 수 있다.

· 혼합실험: 배양토에 모래를 얼마나 섞으면, 콩 묘목의 성장이 느려지기 시작할까? 모래와 배양토의 혼합비율을 25%+75%, 50%+50%, 75%+25%로 각각 시도한다. 양성 대조군(배양토)과 음성 대조군(모래)을 포함하는 것을 명심한다. 이 실험의 결과는 화학물질 모델과 통풍 모델을 구별해 주지는 않을 것이다. 하지만 성장이 저지되기 위해서 몇 퍼센트의 모래가 필요한지 보여 줄 것이다.
· 질석蛭石실험: 모래나 부엽토에 질석을 25% 섞는 것이 콩 묘목의 성장을 촉진하는가? 양성 대조군: 배양토, 배양토+질석 25%. 음성 대조군: 실석을 첨가하지 않은 모래와 부엽토. 이 실험은 토양 통풍 모델 2를 시험한다.
· 수질실험: 잡초 성장을 억제하기 위해 모래에 화학처리를 했는가?

그 화학물질은 물에 녹는가? 모래를 통과한 물이 배양토에서 키우는 콩의 성장을 저해할 것인가? 스티로폼 컵의 밑바닥에 구멍을 몇 군데 뚫는다. 그 구멍들 위에 종이수건 조각을 깔고 컵에 모래를 채운다. 모래에 물을 부은 다음 아래로 흘러내리는 물을 그릇에 받는다. 이 물을 배양토에 심은 콩에 준다. 양성 대조군: 배양토에 심고 맑은 물을 준 콩. 음성대조군: 모래에 심고 맑은 물을 준 콩. 이 실험은 잡초 성장을 억제하기 위해 수용성 화학물질이 모래에 첨가되었는지 여부, 즉 모델 1을 시험한다. 주: 만약 그 화학물질이 물에 녹지 않으면 아무런 결과가 관찰되지 않는다.

주

1 다음에는 콩을 투명한 플라스틱 컵에 심어 뿌리 성장을 관찰해 볼 수 있도록 해보자.